编委会

Preface 前言

奶业是农业现代化的重要标志，是增加农民收入的重要渠道。促进奶业持续健康发展，对于促进产业进步，改善居民膳食结构，增强国民体质等具有重要的战略意义。2011 年，我国奶牛存栏 1440 万头，同比增长 1.4%，牛奶产量 3657.8 万吨，同比增长 2.3%。奶类总产量居世界第三位，奶业已发展成为畜牧业中最具活力、潜力最大的朝阳产业。

近年来，我国奶牛养殖业生产方式已发生较大变化，农户散养所占比例逐渐降低，标准化规模养殖不断加快，现代化的高标准牧场不断增多，规模化、集约化、标准化、一体化的生产方式得到广泛推广。据行业统计，2011 年全国 100 头以上奶牛规模养殖比重达 32.87%，比 2010 年提高了 2.24 个百分点。但由于奶牛现代化养殖发展的历史较短，我国与发达国家无论在养殖技术还是奶牛单产水平都有着较大差距，存在很多亟需解决的问题。小规模散养户仍是奶牛养殖的主体，生产的组织化、规模化、标准化水平低；遗传改良速度慢，奶牛单产水平低；生产设施简陋，饲养管理水平差等，大大制约了我国奶业的进一步发展。要彻底解决这些问题，关键在于先进生产技术的推广应用和管理人员水平的不断提高。

目前，我国奶业正处在从传统奶业向现代奶业转变的关键时期，受土地、环境和饲料等的制约，中国奶业的发展不能再走单纯依赖数量的发展道路，而应转变发展方式，大力发展适度规模化、标准化养殖生产模式，加快良种繁育、饲养技术创新，加强疾病防控、质量控制，提升信息化、机械化装备水平，不断提高奶牛单产和饲养经济效益，促进奶业从数量型向质量效益型转变，实现奶业持续、稳定、

前言 Preface

健康发展。

为了进一步推动奶牛标准化规模养殖，促进奶牛产业生产方式转变，加快科技成果转化，全国畜牧总站组织各省（自治区、直辖市）畜牧总站、高校、研究院所的专家20余人，经过会议讨论、现场调研考察等途径，深入了解分析了制约我国奶业健康发展的关键问题。认真梳理奶牛产业的技术需求，总结归纳了大量的奶牛养殖典型案例，从而凝练提出了针对不同养殖环节适宜推广的主推技术，编写了《奶牛养殖主推技术》一书。该书主要内容包括奶牛繁育、饲料与营养、生产管理、疾病防治、环境控制、综合配套等6个方面共26项主要技术，对于提高我国奶牛的标准化、精细化养殖水平，提升基层畜牧技术推广人员的科技服务能力和养殖者的劳动技能及生产管理水平具有重要的指导意义和促进作用。

该书图文并茂，内容深入浅出，介绍的技术具有先进、适用的特点，可操作性强，是各级畜牧科技人员和奶牛养殖场、小区、家庭牧场生产管理人员的实用参考书。

参与本书编写工作的有各省畜牧技术推广部门、科研院校的专家学者，由于编写时间仓促，书中难免有疏漏之处，敬请批评指正。

编者

2013年3月

Contents

目录

目录 Contents

Contents 目录

目录 Contents

第一章　奶牛繁育技术

第一节　奶牛人工授精技术

一、主要技术内容

（一）授精前的准备

1. 冻精的选择

输配冻精的选择即优秀种质资源的选择，要充分考虑种公牛的系谱和奶牛的育种方向，进行科学的选种选配。

（1）冷冻精液选择使用要素

自国家开始实施奶牛良种补贴项目以来，市场上的冷冻精液主要来自于农业部每年公布的奶牛良补种公牛。奶牛冷冻精液的选择应该考虑以下几个要素。

①牧场改良方向：根据不同的牛群结构和选育方向，如以提高单产、改良体型、强健肢蹄和改善乳房结构等不同方向，来选择相应特点突出的种公牛。

②血统的选择：根据奶牛的血缘关系，仔细查阅种公牛的系谱，选择适合的种公牛，防止近交，近交系数一般控制在 6.25% 以下，即三代以内无直接血缘关系。同时，要避免难产率高、有肢蹄病等遗传缺陷的种公牛。

③育种指数的选择：根据农业部公布的奶牛良补种公牛的入选是依据中国奶牛性能指数（CPI）或总性能系谱指数（TPPI）来选择的。中国奶牛性能指数（CPI）是通过后裔测定成绩计算出的育种值，且生产性状育种值可靠性大于 50%，体型性状育种值可靠性大于 40%。总性能系谱指数（TPPI）是根据系谱，以父母成绩值计算出的理论育种值。对于有一定规模、生产管理水平较高的奶牛场，建议主要选择后裔测定成绩优秀的种公牛。

（2）冷冻精液品质鉴定

①明确细管冷冻精液标记方法：

根据《牛冷冻精液生产技术规程标准》（NY/T 1234—2006）规定，牛细管冷冻精液标记由十六位字母或数字，共四部分组成，如图 1-1。

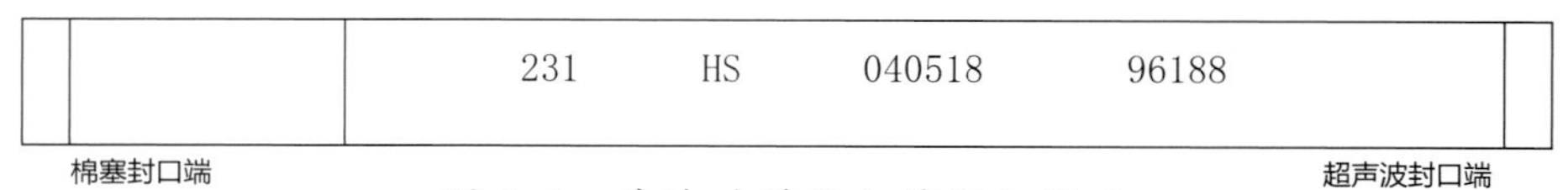

图 1-1　牛冷冻精液细管标记图示

第一部分：公牛站代号（三个字母）——231（黑龙江省家畜繁育指导站），以全国畜牧总站公布的公牛站代号为准；

第二部分：品种代号（二个字母）——HS（荷斯坦），以 GB 4143—2008 为依据；

第三部分：冻精生产日期（六位数）——040518（2004 年 5 月 18 日），按年月日次序排列，年月日各占二位数字，年度的后两位数组成年的二位数，月、日不够二位的，月、日前分别加“0”补充为二位数；

第四部分：公牛号（五位数）——96188，取该牛身份证号码的后五位数。

②公牛的遗传品质：

公牛的遗传品质应该考虑 3 个方面的问题：公牛的生产力、公牛生产性能的遗传力、公牛与母牛的配合力。生产精液的种公牛应具有种用价值，外貌评价为特等或一等，体质健康，无遗传病，绝不允许患有动物防疫法明确规定的二类疫病。

③精液质量检测标准：

精液质量检测主要项目包括外观、密度、活力、畸形率等。用于输配的冷冻精液应符合《牛冷冻精液》（GB 4143—2008）的规定。即解冻后精子活力≥ 35%，直线前进运动精子数≥ 800 万个，精子畸形率≤ 18%，每剂量细菌菌落数≤ 800 个。

（3）冷冻精液的保存与运输

冷冻精液多用液氮保存，冷冻精液的保存与运输应有专人负责。液氮罐在使用之前，必须检查有无破损和缺件，内部有无异物，是否干燥等。然后注入液氮观察 24 小时，确定安全后方可使用。液氮罐应置于阴凉、干燥、通风的室内，使用和运输时避免震动、碰撞。液氮罐应每年清洗 1 ～ 2 次，避免因积水、细菌或精液污染。经常检查液氮罐，保持冻精在液氮液面以下。冻精转存时，在液氮罐外停留不超过 5 秒。取放冻精时，不要把提筒提到罐口外，只能提到液氮罐颈基部。若 15 秒仍未结束转存，则应把提筒放回，经液氮浸泡后再继续提取。

2. 受配母牛选择

（1）健康无疾病

无口蹄疫、结核病、布氏杆菌病等传染性疾病，繁殖机能正常。

（2）达到体成熟

体成熟指牛的生长发育基本完成，具备成年母牛特有的体型外貌和生理机能，能够正常繁育。一般荷斯坦奶牛的体成熟年龄为 15 ～ 18 月龄，其体重达到 360 千克以上，才能开始配种，过早、过晚都不宜。

3. 场地设施与器械人员要求

人工授精操作，要有精液贮存室、精液检查室，配备操作台、显微镜、电炉、消毒锅、输精枪、输精枪外套、镊子、温度计、一次性手套等基本设备和设施。人工授精人员应取得家畜繁殖员职业资格证书方可操作。

（二）奶牛发情鉴定

1. 奶牛发情特征

（1）外阴部变化

从发情前期到发情盛期，阴门由微肿而逐渐肿大饱满，柔软而松弛，阴唇黏膜充血、潮红、有光泽。排卵后，阴户肿胀消退，并缩小而显出皱纹，阴唇黏膜的充血和潮红现象消退。在出现性行为 2 小时左右，阴户开始流出黏液，并逐渐增多。最初排出的黏液比较清亮像鸡蛋清，可拉成细长丝（如图 1-2）。快排卵时排出的黏液则变白而浓稠，在排卵后，某些母牛可能见流出少量带血的分泌物。

（2）行为变化

母牛发情时比平时敏感，喜叫，尾巴摇动高举，在放牧条件下不爱吃草，到处乱走。性兴奋强烈的母牛，食欲减退，产奶量降低。青年牛比老年牛的性兴奋强烈。

发情母牛接受其他母牛爬跨常站立不动（图 1-3）。发情母牛爬跨其他母牛时，常有滴尿，流黏液，这在青年母牛表现得更为明显。有些不发情的母牛喜欢嗅发情母牛的阴户，但发情母牛从不去嗅其他母牛的阴户。在排卵前 8 ～ 12 小时，性欲逐渐减弱甚至消失。

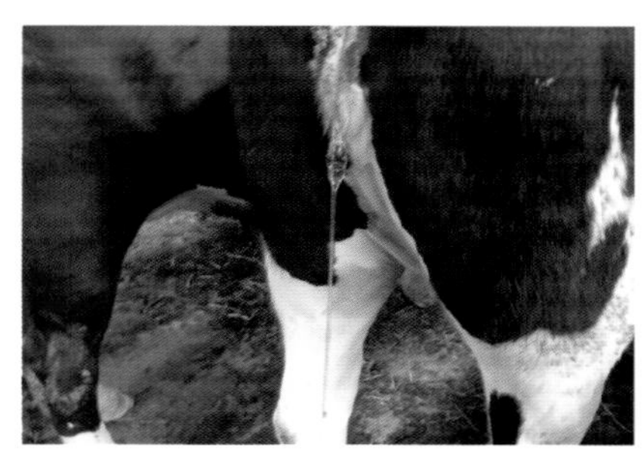

图 1-2　母牛发情吊线

图 1-3　发情母牛互相爬跨

（3）排卵

排卵时在发情结束后 18 小时之内发生，大多数是在母牛拒爬 5 ～ 15 小时内。排卵时间从晚 22 点左右到次日清晨 3 ～ 4 点的比例偏多。

一般营养好的成年母牛和青年母牛发情比较明显，而持续时间较短，营养差的瘦弱母牛和老母牛，发情不明显，且持续期长短不一。有的母牛发情长达 30 多小时，而有的仅几小时，甚至是无发情表现而排卵的隐性发情。

2. 奶牛发情鉴定方法

奶牛的发情期较短，外部表现比较明显，奶牛的发情鉴定最常用的方法是外部观察法和直肠检查法。在规模化牛场，还结合计步法。

（1）外部观察法

即根据母牛的外部表现来判断其发情的程度。为奶牛发情鉴定运用的主要方法。

①观察母牛发情应在放牧和牛只休息时最好，每次观察时间应不少于 20 分钟。

②每日观察不应少于 3 次。观察次数与发情检出率成正比，见表 1-1。

表 1-1　母牛发情检出统计表

观察次数	观察时间			检出率（%）
2	6:00		18:00	29
2	8:00		16:00	54
2	8:00		18:00	58
2	8:00		20:00	65
3	8:00	14:00	20:00	73
3	8:00	14:00	22:00	73

（续表）

观察次数	观察时间					检出率（%）
4	8:00	12:00	16:00	22:00		80
4	6:00	12:00	16:00	20:00		86
4	8:00	12:00	16:00	20:00		75
5	6:00	10:00	14:00	18:00	20:00	91

（2）阴道检查法

用开膣器打开母牛阴道，借助一定光源，观察阴道黏膜的色泽、黏液性状以及子宫颈口开张的情况，判断母牛发情程度。目前，该方法在生产中已经较少采用。

（3）直肠检查法

即用手通过直肠检查触摸两侧卵巢上的卵泡发育情况来确定母牛是否发情，并根据卵泡是否突出于卵巢表面及其大小、弹性、波动性和排卵来确定配种或输精的时机。该法是目前奶牛发情鉴定比较准确而常用的方法。

（4）设备辅助检查

主要包括计步器检查和B超检查等方法。此外奶牛产奶量的减少也是发情的重要征兆，也可作为辅助检查的指标。

3. 奶牛发情异常

（1）安静发情

指母牛发情表现不明显或缺乏，但其卵巢的卵泡仍发育并排卵，在产后母牛、高产牛和瘦弱母牛中较多。主要原因是促卵泡素和雌激素分泌不足。母牛发情的持续时间短，尤其冬季舍饲期，容易漏情，必须严加注意。

（2）持久黄体

具有持久黄体时，母畜长时间不发情。持久黄体可能是由于子宫疾病，如子宫积水、积脓等引起的。

（3）假发情（孕后发情）

母牛在妊娠5个月左右，突然有性欲表现，接受爬跨，但无排卵现象。

（4）卵巢囊肿

分为卵泡囊肿和黄体囊肿两种。卵泡囊肿是由于发育中的卵泡上皮变性，卵泡壁结缔组织增生，卵细胞死亡，卵泡液被吸收或者增多而形成。黄体囊肿是未排卵的卵泡壁上皮发生黄体化，或者排卵后某种原因黄体化不足，在黄体内形成空腔。母牛发生卵泡囊肿时卵泡增大，发情周期变短，发情持续期大为延长，发情症状明显。严重时出现慕雄狂症状，表现出强烈的发情行为。黄体囊肿的症状表现为缺乏性欲，长期不发情，直肠检查时卵巢上的黄体显著增大。

（5）断续发情

开始常由母牛两侧卵巢卵泡交替发育引起，在一侧卵巢有卵泡发育，产生雌激素，使母牛发情，但不久另一侧卵巢又有卵泡发育，于是前一卵泡发育中断，后一卵泡继续发育，这样的交替产生雌激素，造成断续发情。

（三）输精技术

1. 输精时间

母牛排卵以后，若卵子及时遇到活力旺盛的精子，可保证较高的受胎率。一般母牛发情结束 5 ～ 15 小时后排卵，卵子保持受精能力时间为排卵后 6 ～ 12 小时。精子在母牛的子宫内运行速度很快，最快十几分钟内就能够到达输卵管的受精位置，精子在母牛生殖道内保持受精能力时间约为 24 ～ 48 小时。因此，最佳的输精时间应在母牛发情中后期，也就是在发情后 10 ～ 20 小时，或者排卵前 10 ～ 20 小时。此时母牛多静立不动，接受爬跨，外阴部肿胀开始消失，子宫颈稍有收缩，黏膜由潮红变为粉红或带有紫褐色，阴户流出透明、弹性强的黏液。卵泡突出于卵巢表面，体积不再增大，富有弹性，波动明显。

在生产中，为了提高受胎率，如果一个发情期输精一次，一般在母牛拒绝爬跨后 6 ～ 8 小时内输精。如果一个发情期输精两次，可在母牛接受爬跨后 8 ～ 12 小时第一次输精，再间隔 8 ～ 12 小时后第二次输精。还要掌握“老配早，少配晚，不老不少配中间”的原则。

2. 输精部位

正常情况下，将精液输到子宫颈内口的子宫体基部即可。如果技术熟练，也可以输至排卵侧的子宫角内。输精不要太深，否则容易损伤子宫内膜甚至造成子宫穿孔，影响受胎。

3. 输精前准备

（1）母牛固定

将接受输精的母牛固定在六柱栏内，尾巴固定于一侧，用 0.1% 新洁尔灭溶液清洗和消毒外阴部。

（2）器械准备

将金属输精器用 75% 酒精或放入高温干燥箱内消毒。临输精前，输精器先用蒸馏水冲洗 2 ～ 3 次，再用 2.9% 柠檬酸钠液冲洗后装入一次性套管备用。

（3）人员准备

输精员要身着工作服，剪短指甲，佩戴一次性直肠检查薄膜手套。

4. 输精

（1）冷冻精液解冻

将细管冻精从液氮中取出后，将细管封口端朝上、棉塞端朝下，置于 37 ～ 39℃的水中，静置 10 ～ 15 秒即可。

（2）活力检查

冷冻精液解冻后，精子活力不低于 0.35。

（3）装枪

将输精器推杆向后退 10 厘米左右，插入塑料细管，有棉塞的一端插入输精器推杆上，深约 0.5 厘米，将另一端聚乙烯醇封口剪去。套上钢套外层的塑料套，固定细管用的游子应随细管轻轻推至塑料套管的顶端，试推推杆检查精液是否能从细管内渗出，准备工作完成后即可进行输精。

（4）输精操作

手术者左手臂上涂擦润滑剂后，左手呈楔形插入母牛直肠，排除宿粪，清洗外阴部，然后确定子宫、卵巢、子宫颈的位置。为了保护输精器在插入阴道前不被污染，可先使左手四指留在肛门后，向下压拉肛门后缘，同时用左手拇指压在阴唇上并向上提拉，使阴门张开，右手趁势将输精器插入阴道。

左手再进入直肠，摸到子宫颈后，左手掌心朝向右侧握住子宫颈，无名指握在子宫颈外口周围。右手持装有精液的输精器，通过右手和左手的协调配合，将输精器插入子宫颈外口。然后，通过转换输精器的方向向前探插，同时用左手将子宫颈前段稍作抬高，并向输精器上套。输精器通过子宫颈管内的硬皱襞时，会有明显受阻的感觉。当输精器一旦越过子宫颈皱襞（一般为 3 ～ 4 个），立即感到畅通无阻，即抵达子宫体处。当输精器处于宫颈管内时，手指是感觉不到的，输精器一进入子宫体，即可很清楚地感觉到输精器的前段。确认输精器进入子宫体时，应向后抽退一点，勿使子宫壁堵塞住输精器尖端出口处，然后缓慢地将精液注入，再轻轻地抽出输精器（图 1-4）。

图 1-4　输精操作示意图

（5）输精操作注意事项

①输精操作时，若母牛努责剧烈，可采用喂给饲草、捏腰、按摩阴蒂等方法使之缓解。若母牛直肠呈罐状时，可用手臂在直肠中前后抽动以促使松弛。②操作时动作要谨慎，防止输精管前端损伤子宫颈和子宫体。③子宫颈深部、子宫体、子宫角等不同部位输精的受胎率没有显著差别，但是输精部位过深容易引起子宫感染或损伤，一般采用子宫颈深部或子宫体输精是比较安全有效的。

（四）妊娠诊断

1. 外部观察法

妊娠后，奶牛一般表现为：周期发情停止；食欲增加，毛色润泽；性情变温顺，行为谨慎安稳；5 ～ 6 个月后，腹围增大，且腹壁向右侧突出；乳房胀大；8 个月以后，可以看到胎动；妊娠后期，有些母牛后肢及腹下出现浮肿现象，临产前，外阴部肿胀、潮红、松弛，尾根两侧明显塌陷。

2. 直肠检查法

（1）妊娠牛的直肠检查

母牛配后一个月，可进行直检。此时，子宫角无变化或变化不明显，卵巢有无黄体是主要的判断依据。

排卵侧卵巢体积增大到核桃或鸡蛋大，呈不规则形，质地较硬，有肉样感，有明显的黄体突出于卵巢表面。另侧卵巢无变化，子宫角柔软或稍肥厚，触摸时无收缩反应，可判定为妊娠。

（2）配种后 40 ～ 50 天

母牛妊娠后二个月内，胚胎在子宫内处于游离状态，以子宫黏膜分泌的子宫乳为营养而继续发育。由于胎盘尚未形成，胚胎与母体联系不紧密，当子宫条件突变时，很易造成隐性流产。因此，即使第一次检查已经妊娠了，也有必要再检查一次，第二次检查，除卵巢有黄体存在外，子宫角的形态变化则是判定的主要依据，如果两侧子宫角失去了对称，一侧变得短粗，柔软如水袋，初诊无收缩反应，可判定为妊娠。接近四个月时，子宫中动脉已有妊娠脉象出现。

（3）配种后 60 天左右

此时孕角比空角约粗两倍，孕角有波动，角间沟稍平坦，可以摸到全部子宫。

（4）配种后 90 天

主要根据胎儿的发育和子宫的变化。空角比平时增大 1 倍，子宫开始沉入腹腔。触诊子宫角，如有一个婴儿头大的液囊，则为妊娠症状。偶尔可以摸到胎儿。此时，要注意区别妊娠子宫和充盈的膀胱。

（5）怀孕 120 天

子宫全部沉入腹腔，一般只能摸到子宫的背侧及该处的子叶，形如蚕豆或小黄豆，可以摸到胎儿。

（6）直到分娩

子宫越见膨大，子叶大如胡桃、鸡蛋。子宫动脉粗如拇指。随着胎儿的逐渐长大，可以摸到其头部、臀部、尾巴和四肢的一部分。

二、技术特点

配种效率高，一头优秀种公牛一年可以采精制作冷冻精液 30000 剂，可以配种母牛 15000 头，特别优秀的可以制作冻精 50000 剂，可以配种母牛 25000 头。

精液可以长期保存，冷冻精液人工授精的受胎率可以达到 85% ～ 95%，优秀的种公牛一旦年老淘汰、死亡，保存的冷冻精液仍可繁育后代。冷冻精液人工授精可以不受时间、地点的限制，只要配种半径在 5 千米左右都可以带精液上门配种。人工授精技术可以解决因公牛个体大不易配种的困难。

减少种公牛的饲养量，降低饲养成本，提高养殖效益。严格执行奶牛人工授精操作规程，能够控制奶牛生殖道疾病的发生，也能够及早发现及早治疗。利于保证配种计划的实施，促进育种工作的进行，加速品种改良速度。

三、效益分析

目前，全国奶牛规模养殖场普遍采用了人工授精技术，受胎率达 85% 以上，产奶量也稳步提高。2000 年，我国奶牛存栏 523.8 万头，生产牛奶 842 万吨，泌乳牛平均单产约 3 吨 / 年，2010 年末，全国奶牛存栏 1260 万头，全年牛奶产量 3570 万吨，泌乳牛单产水平达到 5.4 吨 / 年，比 2000 年提高了 80%。

第二节 胚胎移植

一、主要技术内容

胚胎移植技术需要一系列相关配套技术的支持，主要包括：供体和受体母牛的选择，供体与受体的同期发情，供体母牛的超数排卵与人工授精，胚胎的回收，胚胎质量的鉴别，胚胎移植，受体的妊娠诊断等（图 1-5）。

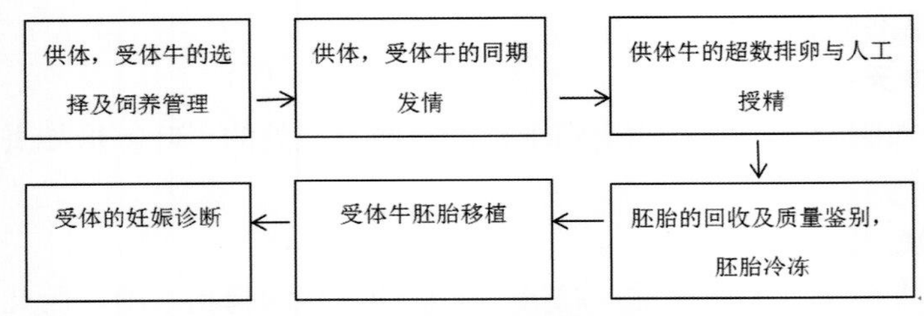

图 1-5 胚胎移植技术流程图

（一）供体牛的选择及其饲养管理

1. 供体牛的选择

供体牛的选择是胚胎移植技术的一个重要环节。供体牛应有重要育种价值，需经过血统、生产性能和体型审查。首要条件是其遗传学价值及生产性能、健康情况，看其是否具备本品种的体型外貌特征，其经济性能是否优越。除此之外，还要有健康的体质和良好的繁殖状态。

（1）供体牛的一般条件

供体牛要求健康无疾病、具有较高的育种价值和生殖机能，从技术和经济两方面综合考虑，可参考以下原则。

①品种优良：符合本品种标准，血统、体型外貌和生产性能优良，具有早熟性和长寿性，遗传性稳定、谱系清楚，无遗传缺陷；

②体质健康：体质健壮、肢蹄强健、繁殖机能正常，无遗传病、传染病、难产、流产和繁殖障碍的历史；

③年龄适宜：在 15 月龄到 96 月龄以内为宜；

④繁殖能力：较高的繁殖力，生殖器官发育正常，发情周期正常。初产牛从幼龄起发情周期正常（或至少以前有过两次正常发情）或经产母牛产后 60 天以上有两次正常发情记录视为发情周期正常；经产牛要受胎性好、连产性好（连续 1 年产 1 犊），受胎率及配种指数较高；配种 2 个情期以上仍不受胎的母牛不宜作供体；

⑤排卵成绩 ：母牛生殖器官，尤其是卵巢、子宫发育良好，对超数排卵要有良好反应、排卵数多、采得的受精卵质量好；

准备作为供体的母牛，最好有一次完整的生产记录（产犊、产奶），以衡量其种用价值。

对于未达到性成熟的青年母牛，只有预测其种用价值后，才有可能作为供体选择的对象。

（2）供体母牛的选择方法

①建立母牛档案及数据库：将供体母牛牛场所有在群母牛谱系和生产记录等数据进行记录或输入计算机，建立母牛档案及数据库。要求数据准确，谱系清楚（至少三代谱系清楚，其父母和祖父母都有良种登记）。

②体型外貌选择：实践中选择多从体型外貌开始，将健康、体格强壮、活力强、体型好、整体优秀的作为选留对象。特别要注意泌乳系统、中躯及后躯的发育情况、四肢以及乳房的形状。奶牛选择重点是乳房、肢蹄性状，乳用特征要强、乳房端正、肢蹄强健。

③育种值选择：外貌选择后进行育种值对比，排列出最佳的。采用动物模型 AM-BLUP 法等测试方法计算出母牛育种值（PTAF%），并根据育种值大小排队，将各场前 5% ～ 10% 或 15%（根据提供的牛群及将组成的供体牛群的大小来决定）的母牛列出待选。奶牛主要从产奶量、奶的品质（乳脂率和蛋白质等）、繁殖力、饲料报酬、排乳速度等方面考虑。

④生产性能表型选择：将经育种值排队选出的母牛进行生产性能表型选择。奶牛选择标准一般为一胎 305 天产奶量 7000 千克以上，最高胎次 305 天产奶量 9000 千克以上，平均乳脂率不低于 3.5%。

⑤实践检验：经选择确定为供体的母牛，还要经过生产实践的检验，选择对超数排卵反应良好，受精卵质量好的。凡排卵数少、胚胎质量差、2 次超数排卵反应差的不再作为供体；超排处理后黄体发育不良、卵巢静止的母牛不宜使用。

2. 供体牛的饲养管理

（1）保持供体牛群饲养环境适宜、稳定和卫生

牛舍建设和内部设备要完善，保持圈舍内外的清洁、干燥，为供体牛提供良好的生活空间。棚舍温度、湿度适宜，通风良好，环境条件不宜多变或变化太大，以减少应激反应发生。要搞好环境卫生和牛体卫生，加强消毒工作。

（2）制定合理的供体牛日粮配方，饲喂平衡日粮

依据相关的科学知识、经验和仔细的观察、检测以及生产检验，制定出科学合理的供体牛日粮配方。要求各种营养的比例及用量能满足供体的需要，保证营养平衡和正常的营养状况。尤其要注意蛋白质、矿物质、维生素的充足供给和平衡，为了避免不足或过量，应经常检测饲料中各种营养物质的含量，并进行适当的调整。维生素和微量元素的充足供给可以增强供体牛的免疫力，减少疾病的发生。其中，磷和维生素 A、维生素 E 对牛的繁殖性能有较大的影响，应保持常年均衡供应。另外饲料的适口性要良好，日粮应是由多种适口性良好的饲料配合而成的全价饲料，发挥不同饲料的营养互补作用，提高采食量，保证正常的采食量和营养需要量。饲养上尽量满足各种营养物质需要的同时，还要避免营养水平过高，供体牛过度肥胖，导致供体卵巢脂肪变性，影响卵泡成熟和排卵。

（3）保证饲料质量和饮水的清洁卫生

饲料的加工调制要以提高利用价值、增加营养、改善适口性和消化性，除去有害物质，保证平衡供应为原则，要严格保证饲料的质量，严禁将霉烂变质的饲料配入日粮。水的需要受牛的体重、环境温度、生产性能、饲料类型和采食量等多种因素的影响，应为供体牛提供充足、清洁的饮水，供其自由饮用。

(4) 适当运动和充足光照

供体牛有充足的运动和日照，可以促进新陈代谢，改善繁殖机能，减少疾病发生，提高生产性能。为增强供体牛对外界不良环境的适应能力和减少消化、呼吸系统疾病、肢蹄病和骨质疏松症以及过度肥胖等疾病，必须保证供体牛每天有 2 ～ 3 小时的户外自由运动时间。

(5) 保证供体牛的生产体况

在保证供体牛健康的同时，要保证其生产体况，确保能生产出优质的胚胎。经产牛做供体时，产前 3 个月平均日增重保持在 0.4 ～ 0.75 千克 / 天，使产后体重与产前 3 个月体重持平；产后至超排冲胚时，平均日增重保持在 0.30 ～ 0.40 千克 / 天，使超排时总增重达个体体重的 5% 以上。育成牛做供体时，一般在超排冲胚前 3 个月加强饲养管理，平均日增重为 0.30 ～ 0.40 千克 / 天，使超排时总增重达个体体重的 5% 以上。

(6) 做好供体牛的发情观察、检查及记录

加强供体牛的发情观察和检查，了解发情状态，确定正常的发情周期。一般采用外部观察法，即以接受爬跨站立不动为发情判定标准。应安排专人，切实做好观察，记录发情时间和发情状态。

(7) 维持供体牛的繁殖性能

根据不同品种、年龄的生长发育特点，饲草、饲料供给的状况，制定出生产计划，力争保持供体牛良好的繁殖状态。另外，由于在胚胎或卵母细胞的采集中激素的应用和操作水平的高低，会对供体牛的生殖系统（主要是子宫和卵巢）造成一定的刺激或损伤，应及时对供体牛进行子宫环境净化，治疗子宫及卵巢疾病，维持其良好的繁殖性能。

(二) 受体牛的选择及其饲养管理

1. 受体牛的选择

(1) 初步选择

在对受体牛进行严格选择前，应对受体牛有一个初步的选择，以减少人力、物力的浪费，及早发现问题、解决问题。

①发情周期正常：正常母牛的发情周期一般为 21 天 (18 ～ 24 天)，除了妊娠时和产后一段时期内，发情周期总是周而复始，一直到丧失性机能为止。若发情周期不正常，极有可能是由于母牛患有繁殖疾病或是饲养管理较差造成的。

②无产科疾病：胚胎移植时受体牛子宫内被细菌感染是受胎率低的重要原因，而且子宫在黄体期的抗感染能力要比发情期差。因此，选择无子宫疾病的受体牛是为胚胎生存创造一个无菌的生理环境的必要保证。

③营养及体况：营养对母牛一生的繁殖性能具有缓慢的、长期的作用。反映体内营养贮备、代谢和生理状态的综合信息，经神经传导到性中枢，引起中枢神经纤维末梢分泌神经递质或激素，调节丘脑下部的分泌活动，从而影响牛的生殖活动。体况（膘情）是母牛体内的营养状况和饲养管理的一种反映，因此，受体牛具有良好的体况是母牛发情、排卵、胚胎的附植及妊娠的基础。

④其他：对受体牛的年龄一般无特别要求，只要符合上述条件，均可作为受体牛初步选择的对象。但为了保证较高的移植妊娠率和体现胚胎移植的应用价值，应尽量选择青年母牛和低产母牛做受体。另外性情温顺，无传染疾病及影响牛体况的其他疾病；产犊性能好的以及产后在60天以上，无流产史也是选择的必要条件。

（2）通过发情状况对受体牛进行选择

经初步选择的受体牛要根据发情状况做进一步的选择。无论是自然发情还是药物诱导发情，发情表现正常的同时也要进行直肠检查。但有两个问题也应注意：第一，对48小时以内未排卵的卵泡继续进行直检，无法准确判断卵泡的排出与卵泡退化在形态上有何不同；第二，卵泡不排卵也不能无休止的检查，这样既费时费力又对卵巢刺激较大。故在实践中认为，发现母牛发情后48小时以内卵泡排卵的称为正常排卵，否则是排卵迟缓或者将会退化，不适宜再做受体。

目前，同步化的标志是胚胎发育与受体牛的发情时间相吻合。牛胚胎死亡大多发生在妊娠最初的18天，胚胎发育时期和受体牛子宫环境不同步是主要原因。要深刻理解胚胎移植的实质是胚胎在相似的生理环境条件下的空间转移，因此，保持胚胎在相对一致的子宫环境内是移植成功的关键。大量实践证明，对于早期囊胚，在发情期的第7天移植妊娠率明显高于第6天和第8天的移植妊娠率。另外，对发情时的受体牛进行进一步选择也有利于产科疾病的检查。

（3）通过黄体发育情况对受体牛进行选择

①黄体的功能：黄体是卵泡成熟破裂排出卵母细胞后，剩余的卵泡细胞和残留物形成暂时性分泌组织。黄体主要分泌孕激素，它一方面抑制其他卵泡的成熟发育，另一方面保证胚胎的附植和妊娠的维持。牛是单胎动物，一个发情周期只有一个黄体。因此，胚胎移植时受体牛第7天黄体的发育状况直接影响移植妊娠率。

②黄体的判断：一般将黄体分为三个等级。一级：黄体丰满，触摸黄体明显突出卵巢表面；二级：黄体发育较好，突出明显；三级：黄体小，突出不明显。三个等级黄体胚胎移植妊娠率依次下降。

2. 受体牛的饲养管理

对受体牛进行良好的饲养管理是胚胎移植成功的十分重要的环节。一般要求受体牛在移植前6～8周开始补饲，补充微量元素和维生素。受体牛应单独组群饲养，保持环境相对稳定，减少应激。移植后35～90天对受体牛进行妊娠检查，对已妊娠的受体牛在产前3个月要补充足量的维生素、微量元素，适当限制能量供给，即要保持胎儿的正常发育，又要避免难产。

（三）同期发情

现行的同期发情技术主要通过两种途径：一种是向待处理母牛群同时施用孕激素，抑制卵泡的发育和发情，经过一定时期同时停药，随之引起同期发情；另一种利用前列腺素或其类似物（PGF2α），使黄体溶解，中断黄体期，降低孕激素水平，从而提前进入卵泡期，使发情同期到来。这两种方法所用的激素性质不同，但都是使孕激素水平在某一特定时间迅速下降，达到发情同期化的目的。在母牛同期发情处理方法中，比较常用的是孕激素埋植法和阴道栓塞法以及前列腺素法。

1. 孕激素埋植法

早期将一定量的孕激素制剂装入管壁有小孔的塑料细管中，利用套管针或者专门埋植器将药管埋入耳背皮下，一段时间后，在埋植处作切口将药管同时挤出，并注射孕马血清促性腺激素 500 ～ 800 国际单位（与下段注射剂量不一样）。也可将药物装入硅橡胶管中埋植，硅橡胶有微孔，药物可渗出。药物用量依其种类而不同，18- 甲基炔诺酮为 15 ～ 25 毫克。目前，多采用特别的吸敷孕激素的阴道栓进行同期发情，更为简单有效。

2. 孕激素阴道栓塞法

最简单的做法是将一块浸有孕激素的柔软泡沫塑料或海绵块（其大小应根据牛的个体而定，一般直径 10 厘米、厚 2 厘米），拴上细线，线的一端引至阴门以外，以便处理结束时取出。泡沫塑料经严格消毒后，用长柄钳送入靠近子宫颈的阴道深处。一般放置 9 ～ 12 天取出，在取塞的当天肌注孕马血清促性腺激素 800 ～ 1000 国际单位，2 ～ 4 天内多数母牛表现发情。这种方法的优点是一次用药即可，但有时栓塞脱落。若能有 90% 以上的保留率，可得到较为理想的效果。市面上出售的 CIDR 就是源于这种方法。

孕激素处理分短期（9 ～ 12 天）和长期（16 ～ 18 天）两种。长期处理后，发情同期率较高，但输精后的受胎率偏低。短期处理后，发情同期率较低，受胎率接近或相当于正常水平。但在短期处理开始前先肌肉注射 3 ～ 5 毫克雌二醇和 50 ～ 250 毫克孕酮或相应的其他孕激素制剂，可提高发情同期化的程度。也可以使用硅橡胶环，在环内侧壁附有一个胶囊，其中，装有上述剂量的雌二醇和孕激素，以代替注射，胶囊在体内很快溶化，其中的激素即可被组织吸收。

3. 前列腺素法

前列腺素的投药方法有子宫注入和肌肉注射两种，前者用药量少，效果明显，但注入时较为困难；后者虽操作容易，但用药量需明显增加。

前列腺素处理法只有当母牛在发情周期第 5 ～ 18 天（有功能黄体时期）处理较适宜。对于发情周期第 5 天以前的黄体，前列腺素并无溶解作用。因此，用前列腺素处理后，总有少数牛无反应，对于这些牛需作二次处理。有时为使一群母牛有最大程度的同期发情率，第一次处理后，表现发情的母牛不予配种，经 10 ～ 12 天后，再对全群牛进行第二次处理，这时所有的母牛均处于发情周期第 5 ～ 18 天，故第二次处理后母牛同期发情率显著提高。

（四）超数排卵

1. 超排处理

超数排卵是指在母畜发情的适当时间，注射促性腺激素，使卵巢中有较多的卵泡发育并排卵的处理方法，简称超排。超排能够提高母牛的繁殖效率，控制母牛的排卵时间，是胚胎移植的重要环节。

超排是为了增加有效卵子的数量。使用的激素主要有 FSH、PMSG、HCG 等几种，在母牛发情的不同时期，所用的方法及激素种类有所不同，目前常用的方法主要是在发情周期的 9 ～ 14 天，使用 FSH 减量肌肉注射，配合 PG 和 LHRH-A3 的方法，具体操作为：根据母牛体重、超排次数等情况，确定超排所使用FSH的剂量，一般体形较大的牛剂量大些，重复超排的剂量也要适当提高。

剂量确定以后，在母牛发情周期的第9～14天（上次发情当天为0天）开始，连续4天进行FSH减量肌肉注射，每天上午、下午各注射1次，注射FSH的第3天上午，即第5次注射FSH的同时注射PG，一般在注射PG48小时（范围在24～72小时）后，母牛发情，进行人工授精，精液剂量加倍，每次输精后注射LHRH-A3。人工授精2次以上，一般早晨发情下午输精，下午发情晚上输精，间隔8～12小时再输精1次。

2. 胚胎采集

牛的胚胎采集通常用非手术法，即在供体牛发情配种后的6～8天利用采卵管通过子宫颈采集子宫角内的胚胎，所使用的器材包括采卵管、集卵杯和子宫颈扩张棒等。该方法对母牛的生殖道伤害较小，其基本步骤如下。

（1）供体母牛的保定

供体母牛于保定架内站立保定，一般取前高后低的姿态。在实际操作中，可以选择前高后低的保定架，也可将保定架设置在有坡度的地方。

（2）尾椎硬外膜麻醉

将第一、第二尾椎间的毛剪掉，用酒精棉球进行消毒，然后注射盐酸利多卡因（或普鲁卡因），进针的深度根据注射时的手推阻力，一般感觉阻力很小即进针，否则应改变进针的深度。药物用量依照牛的体型大小和牛对药物的敏感性而定，一般3～5毫升，如果麻药剂量过大，容易引起肠壁肌肉舒张，后躯站立不稳，给操作带来困难。

（3）外阴部的清洗和消毒

麻醉起效后，将牛尾系向一侧，清除直肠内的宿粪，然后清洗外阴部。一般先用温水或肥皂水洗净，再用卫生纸擦干，最后用酒精棉球擦拭外阴部和阴道口周围。

（4）采卵管的插入和固定

对于子宫颈难通过的供体牛，应先用子宫颈扩张棒充分扩张子宫颈后将带有不锈钢丝的采卵管插入子宫角，边向外拔出钢丝边向前推进采卵管，将采卵管递到子宫角前端。然后由助手向气球内打气（也可以用冲卵液代替空气），气体的注入量由子宫角的大小及采卵管插入的深浅决定，一般8～15毫升。

（5）冲卵液的注入和导出

采卵管固定好以后，抽出不锈钢丝，将导管接好，注入冲卵液。冲卵液注入的量根据手在直肠内感觉子宫角的膨胀程度而定，一般20～50毫升，如果冲卵液回流不畅，可将子宫角前端上提，这样将有助于液体的回流。如此反复几次，每侧子宫角的用液量一般在200～300毫升，最后一次可以使用注射器强制回流。冲完一次后，换另一侧继续冲洗。

（6）子宫内注入抗生素等物质

两侧冲洗完毕后，为了预防子宫内的感染，要向子宫内投入一定量的抗生素。另外，为了防止残留胚胎造成妊娠，在注入抗生素的同时注入氯前列稀醇（PG）。

（五）胚胎的清洗、评价及其装管

1. 胚胎的清洗

清洗前要充分做好准备工作，对所需器材进行彻底的消毒灭菌，自行配制或者购买胚胎洗涤液。回收的冲卵液，可能含有污染的微生物或子宫内感染的病原，所以收集的胚胎需要净化处理，即对胚胎要进行清洗，在实体显微镜（20 倍）下，用吸管将捡出的胚胎移入预先准备好的盛有 PBS 液滴的小皿中，利用吸移法经逐个小滴液清洗（PBS 液滴不能重复使用），小液滴中必须同时放同一头牛胚胎，一般胚胎需清洗 3 次，如果透明带外粘有不易洗掉的黏液，则用胰酶（1：250）处理后再清洗 3 遍。洗涤的整个过程必须注意无菌操作，每洗涤一次更换一次洗涤液和吸管；必须有专门技术操作人员来进行，防止胚胎丢失；操作必须迅速，防止胚胎在体外停留时间过长，使溶液渗透压变化而导致胚胎死亡。

2. 胚胎的评价

此项工作需要有经验的专业技术人员来进行评定。采出的胚胎经净化处理后，置于新鲜的 PBS 液中，在倒置显微镜（40 ～ 200 倍）下进行形态学检查。

牛卵子受精后随着日龄的增加，处于不同的发育阶段，进行胚胎质量评定时必须考虑到胚龄。一般以母牛发情日为 0 天来计算，距发情日的天数为胎龄，胚胎的正常发育阶段必须与胎龄一致，凡是胚胎的形态鉴别认为迟于正常发育阶段的，一般可以判定为：由于死亡而终止发育的或者比预期较迟排卵而不能继续发育的，或者发育速度迟缓等原因。所以是质量较差的胚胎而不能移植。正常 5 ～ 8 天母牛胚胎发育情况在桑椹胚至扩张囊胚阶段。从胚胎的整体形态来看，正常的胚胎整体结构好，细胞质均匀，轮廓清晰且规则，而边缘不整齐、大部分细胞突出、色泽变暗、有水泡和游离分裂球的胚胎为异常胚胎；从透明带上看，正常的胚胎透明带为圆形，未受精卵或退化的胚胎透明带呈椭圆形且无弹性。

超排后的供体牛在发情后第 7 ～ 7.5 天用非手术法采集胚胎。此时胚胎处于以下发育期：致密桑椹胚（CM）、早期囊胚（EB）、囊胚（B）、扩张囊胚（EXB）。按国际胚胎移植协会规定的数码依次表示为：4、5、6、7。

用形态学方法进行胚胎质量鉴定，将胚胎依次分为 A、B、C、D 四级。

A 级：优秀胚胎，形态典型，卵细胞和分裂球的轮廓清晰，呈球形，有的也呈椭圆形，细胞质致密，色调和分布极均一；

B 级：良好胚胎，有少许变形，如少许卵裂球凸出，有少许小泡和形状不规则，卵细胞和分裂球的轮廓清晰，细胞质较致密，分布均匀，变性细胞和水泡不超过 10% ～ 30%；

C 级：一般胚胎，形态明显变异，卵细胞和分裂球轮廓稍不清晰，细胞质不致密，分布不均匀，色调发暗，变性细胞占 30% ～ 50%；

D 级：不良胚胎，很少有正常卵细胞，形态异常或变性，呈显著发育迟缓状态，如未受精卵退化的、破碎的、透明带空的或快空的卵子，以及与正常胚龄相比，发育迟 2 天或 2 天以上的胚胎，这一级胚胎不能进行移植应废弃掉。

由于冷冻对胚胎有一定的危害作用，往往冷冻胚胎解冻后质量会降级，所以，一般只有 A 级和 B 级胚胎才能冷冻保存。

（六）胚胎的冷冻

评价后的 A、B 级新鲜胚胎可直接移植，C 级可与 A、B 级搭配移植双胚。如果可用胚胎较多或为了长期保存或长途运输，可将 A、B 级胚胎用于冷冻保存。冷冻前将胚胎从平皿中吸出，放入装有冷冻液的平皿中，并将胚胎装入细管。

胚胎在冷冻液中平衡 5 分钟后放到处于植冰温度的冷冻仪上待冷冻。具体冷冻程序如下：用冷冻液 / 保存液→装管，5 分钟→冷冻仪（-6℃）→在 -6℃平衡 5 分钟→植冰（7 ～ 10 秒）→继续平衡 5 分钟→以 0.5℃ / 分钟的速度降温→ -35℃→平衡 5 分钟→投入液氮保存。

（七）胚胎移植

牛的胚胎移植一般采用非手术法进行。其技术环节与人工授精相似，不过胚胎移植操作的对象是胚胎而不是精子，输送的位置是子宫角深部而不是子宫颈内口处。胚胎移植成功的根本条件是供体牛和受体牛具备相同的生理期。一般是将供体牛发情后第 7 天的胚胎移植到发情后 6 ～ 8 天的受体牛内。

1. 胚胎解冻

从液氮罐中取出装有冷冻胚胎的 0.25 毫升细管，将其垂直放置在 20 ～ 25℃空气中停留 10 秒，之后将该细管垂直放入 32 ～ 35℃水浴 15 ～ 20 秒，至细管内冷冻液体完全液化后取出，用无菌棉球将其擦干。如果是直接移植冷冻胚胎，则可将细管直接装入胚胎移植枪进行移植。如果是甘油冷冻胚胎，则需要对胚胎进行脱甘油处理后再移植。

2. 胚胎移植

首先对合格的受体牛进行保定，擦拭外阴部，实行 1 ～ 2 尾椎间的硬膜外麻醉。扒开母牛阴唇，插入全套移植器。移植器至子宫颈外口处时，持移植器的手将移植器从软外套内顶出。深入直肠的手握住子宫颈，两手协同配合，缓慢地将移植器通过受体母牛的子宫颈，并小心地插进有黄体一侧的子宫角，当枪头运送到子宫角大弯或大弯深处时，慢慢推动移植枪钢芯，将细管内含有的胚胎液体推进受体母牛子宫角内，然后慢慢地抽出移植枪。

（八）妊娠检查

胚胎移植后，为了确定受体母牛的妊娠情况，便于加强饲养管理和确定受胎情况，一般对移植后不返情的母牛，要做妊娠诊断。目前，在生产实践中用作妊娠诊断的方法主要是直肠检查法和超声波诊断法（见第 6 页妊娠诊断）。

二、技术特点

优良犊牛的获得，既取决于种公牛，也有赖于优良母牛。牛的胚胎移植如同人工授精可提高优良公牛的配种效能一样，能够充分发挥优良母牛的繁殖潜力。更为重要的是，如果超数排卵时利用优良公牛冻精配种优良母牛（供体），然后利用采出的胚胎进行移植，则能够一步到位地生产出具有双亲优良基因的犊牛。一头优良母牛如果自然产犊，一般一年只能产一头犊牛。但若让其只作为胚胎供给者而不妊娠，这样按照目前国内的平均水平，一头优良母牛每年可提供 15 ～ 16 枚可用胚胎（按照每年进行三次超数排卵处理），这样直接移植每年可产出 10 ～ 11 头犊牛，若采用冻胚移植也可产出 6 ～ 7 头犊牛。国外已有从一头供体牛一年获得 50 多头犊牛的报道。

三、效益分析

冷冻胚胎可以长期保存，这就使胚胎移植突破了时间和空间的限制。从国外进口种牛胚胎到国内进行移植，从而产下种牛，这样不仅大大节约购买和运输种牛的费用，又能控制疫病传播。此外，利用引进胚胎在国内移植产下的犊牛，由于在当地生长发育，较容易适应本地区的环境条件，还可从养母得到特殊的免疫力。目前，90% 的后备种公牛都采用该技术进行生产。该技术在生产中应用，可以直接利用中低产母牛作为受体生产出高产奶牛，远比应用人工授精技术进行级进改良要迅速得多。

四、案例

宁夏农垦贺兰山奶业公司自 2000 年以来大规模开展奶牛胚胎移植工作，建立了胚胎移植高产奶牛的核心群与扩繁群，为牛胚胎移植产业化的发展奠定了坚实的基础。该场自 2002 ～ 2004 年先后引进进口胚胎 678 枚，移植受体母牛 407 头，妊娠 268 头，产犊 238 头，成活 197 头，取得了较好的效果。

第三节 性别控制

一、性控冻精

（一）主要技术内容

奶牛的性别是由公牛性染色体的类型决定的，含 X 染色体的精子与卵子结合后产出雌性后代，含 Y 染色体的精子与卵子结合后产生雄性后代。将奶牛的精液根据精子 XY 染色体之间的某些差异进行有效地分离后，将含 X 染色体的精子分装冷冻，用于牛的人工授精。这种根据精子性染色体的不同而分装冷冻的精液就叫性控冻精。

研究中，可以检查 Y 精子上的 F 小体、区别 XY 精子头部大小、XY 精子的质量及比重上的差异、精子外膜电荷上的差异、运动速度的差异、抗原性的差异及耐酸碱性上的差异等，来区分 XY 精子。生产中，常利用流式细胞仪分离精子。当前利用此方法分离得到的精子性控准确率已达到 97% 以上，并且对胚胎的发育基本没有产生不良影响，该技术已成为目前最有重复性、科学性和有效性的分离精子的方法。

1. 性控精液生产

选择遗传性能稳定、外貌体型评分一级以上、生产性能优秀、精液活力不低于 80% 的优秀种公牛作为原精供体。采集好的种公牛精液，进行过滤，品质检查，合格的精液经适当稀释后，即可利用流式细胞仪进行 XY 精子分离。

（1）流式细胞仪 X/Y 精子分离原理

通常使用一种荧光染料即 Hoechst 33342 检测精子 DNA 含量（如图 1-6），这种染料容易穿透精子细胞膜并与 DNA 结合。由于 X 精子 DNA 含量比 Y 染色体多 4%，这样 X 精子 DNA 比 Y 精子 DNA 就多结合约 4% 的染料，这种染料遇到特殊波长的光（通常由激光发出）能发出荧光。然后可以通过探测器检测和计算机分析这种荧光。因为 X 精子比 Y 精子发出的荧光多 4%，计算机可以识别出荧光的差异。当液体流出流式细胞仪时，就会被振荡器击成小滴，每秒钟形成 70000 ～ 80000 滴，其中，大约有 1/3 的液滴含有一个精子，约 2/3 的液滴是空的，少数液滴含有二个以上精子。如果液滴被计算机分析为 X 精子，液滴就被加载正电荷；如果液滴含有 Y 精子，液滴就被加载负电荷；如果液滴中没有精子或者有多个精子、受损伤精子以及不能区别 DNA 相对含量的精子液滴上就不带电荷。液滴通过流式细胞仪的喷嘴流出时（时速约 80 千米 / 小时），经过电场为一侧正电，另一侧为负电。由于异性电荷相吸，带有正电荷的液滴（含有 X 精子）流向负电场，带有负电荷的液滴流向正电场，没有电荷的液滴，继续垂直向下流动这样就会产生 3 个液滴流，分别收集到 3 个试管中，从而将 X 精子与 Y 精子分离开来。在实践中，约有 20% 的精液进入 X 精子部分，有 20% 进入到 Y 精子部分，其余 60% 精子是受到损伤或者是其他原因而不能分离的精子。精子分离的工作流程（如图 1-7）。

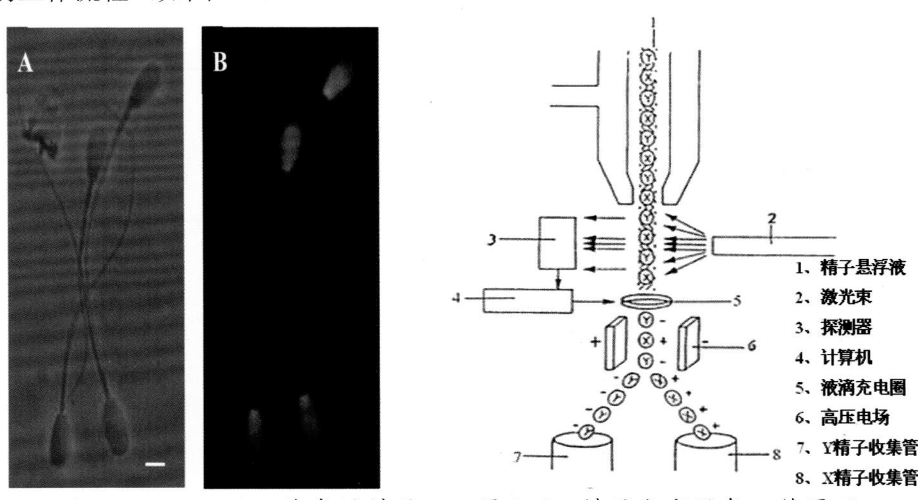

图 1-6 用 Hoechst 33342 染色的精子　　图 1-7 精子分离设备工作原理

（2）性控精液冷冻

分离后的每管精子离心去除上清液，添加稀释液使得精子终浓度为 1000 万 / 毫升，4℃平衡 1.5 小时以上，然后置于纱网上在液氮上熏蒸，冷冻温度为 -120 ～ -80℃，停留 5 ～ 7 分钟，待精液冻结后投入到液氮中保存。

2. 性控冻精的使用

（1）母牛的选择

青年牛生殖生理机能旺盛，子宫洁净，内环境好，有利于精子和受精卵存活，用性控精液配种受胎率可达 50% 以上，可在较短时间内大幅度提高母牛比例和经济效益，具有较大的推广应用价值。成母牛（经产牛）由于受妊娠、分娩、泌乳及营养负平衡等一系列因素的影响，普遍存在子宫慢性炎症、子宫内膜炎、生殖激素分泌失调等问题，致使配种受胎率较低，用性控精液配种，受胎率仅为 30% 左右。

（2）性控冻精解冻

精液解冻：将所需精液细管从液氮罐中取出，在空气中停留 3 ～ 5 秒，放入事先准备好的盛有 37℃水的保温杯中 8 ～ 10 秒，待细管内精液冰晶溶解后，将细管取出，用灭菌纸将细管表面的水擦干。用细管剪在封口端、距末端 1 厘米处将细管的封口端剪断，断面要整齐，以防断面偏斜而导致精液逆流。

（3）输精

输精方法与常规精液人工输精相同。为了提高母牛人工授精的受胎率，要求将性控精液输到母牛的排卵侧子宫角深部，即子宫角的前 1/3（图 1-8），配种时间尽量控制在排卵前 6 小时之内或排卵后 4 小时之内，尽量缩短解冻与输精之间的时间，最好是解冻一支输一支。

不同输精部位对受胎率有显著影响，表 1-2 为青年母牛采用性控精液子宫内不同部位输精的受胎率，子宫角输精受胎率较高。

表 1-2 不同输精部位对受胎率的影响

	子宫体（n）	子宫角中部（n）	接近宫管结合部（n）
公牛 1	35.4(17/48)	46.6(14/30)	39.4(13/33)
公牛 2	48.8(21/43)	51.9(14/27)	39.3(11/28)
平均	41.8(38/91)	49.1(28/57)	39.3(24/61)

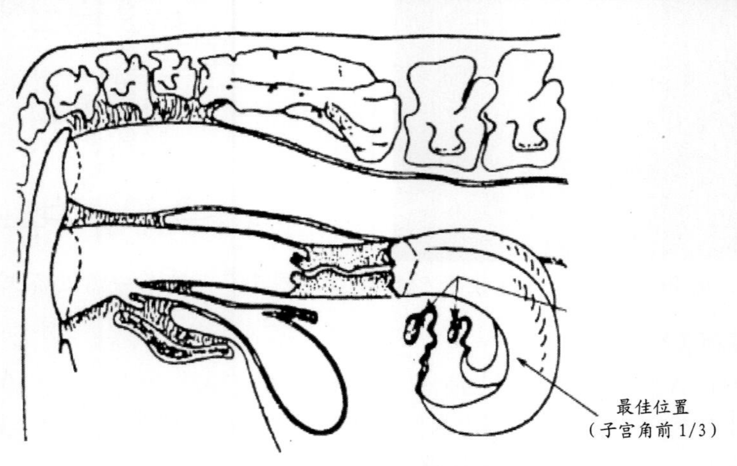

图 1-8 人工输精最佳部位示意图

（二）技术特点

如表 1-3，性控冻精与常规冻精相比，由于经过 XY 精子的分离，每支细管精液中精子数较低，常规冻精 800 万～ 1000 万个的 XY 精子，性控精液 200 万～ 260 万有效 X 精子。

性控精液输精对子宫环境的要求比常规冻精高，一般选用青年牛。性控精液的价格较高，一般在 200 ～ 300 元 / 支，而常规冻精 10 ～ 60 元 / 支，但性控精液的输精后产母犊率比常规冻精高一倍，一般在 90% 以上。

表 1-3 性控冻精与常规冻精对比

项目	性控冻精	常规冻精
精子数（0.25 毫升细管）	200 万～ 260 万 有效 X 精子	800 万～ 1000 万的 XY 精子
精子活力	0.35 ～ 0.5	0.35 ～ 0.5
市场价格	200 ～ 300 元 / 支	10 ～ 60 元 / 支
子宫环境	要求较高	普通
操作技术	稍加培训便可掌握	普通
受胎率	青年牛 50% ～ 60% 青年牛 60% ～ 80%	成母牛 40% ～ 50% 成母牛 50% ～ 60%
产母犊率	＞ 90%	45% ～ 55%

（三）效益分析

使用 X 性控精液可以多生母犊，减少牛犊的淘汰率。正常情况下，使用普通精液配种母牛所生的犊牛公母各半（一些数据显示母犊率 48%，稍低于 50%）。公牛犊一般按出生后以 400 ～ 500 元 / 头的价格出售，而母犊生下来就值 3000 ～ 4000 元，两者相差 7 ～ 8 倍。理论上，对于 100 头母牛的牛群，仅使用性控精液配种受孕出生的犊牛一项就可以多创造 14.7 万元的价值（按 42%×3500 元 / 头计算）。

（四）案例

北京奶牛中心委托生产的 X 性控冻精每支 0.25 毫升，细管含精子 230 万个，解冻后活力达到 0.40。2011 ～ 2012 年，北京奶牛中心向全国推广荷斯坦牛性控冻精近 10 万例。随机调查华北、东北、西北地区 3 个牧场的性空冻精使用情况结果如下：荷斯坦青年牛输精 1450 个情期，妊娠 914 头，情期受胎率 63%，已经陆续产犊 471 头，其中，母犊 442 头，母犊率 94%。成母牛输精 183 个情期，妊娠 62 头，情期受胎率 34%，已经陆续产犊 28 头，其中母犊 26 头，母犊率 93%。

二、早期胚胎性别鉴定

（一）主要技术内容

1. PCR 技术

PCR 技术的基本原理类似于 DNA 的天然复制过程。其特异性依赖于与靶序列两端互补的寡核苷酸引物。PCR 由变性、退火、延伸 3 个基本反应步骤构成：①模板 DNA 的变性：模板 DNA 加热至 94℃左右一定时间后，模板 DNA 双链或经 PCR 扩增形成的双链 DNA 解离，成为单链，以便它与引物结合，为下轮反应作准备；②模板DNA与引物的退火（复性）：模板DNA经加热变性成单链后，温度降至60℃左右，引物与模板DNA的单链互补序列配对结合；③引物的延伸：DNA模板与引物的结合物在TaqDNA聚合酶的作用下，以dNTP为反应原料，靶序列为模板，按碱基配对与半保留复制原理，合成一条新的与模板DNA链互补的半保留复制链。重复变性、退火、延伸3个过程，就可获得更多的“半保留复制链”，而且这种新链又可成为下次循环的模板。每完成一个循环需2～4分钟，1～2小时就能将待扩目的基因扩增放大几百万倍。

随着人们对动物遗传物质DNA研究的不断深入以及动物胚胎学的不断发展，人们发现在雄性动物的Y染色体上存在着特异性的片段即SRY基因，并且这一片段存在着种间高度保守性。SRY基因在动物性别鉴定中作用的发挥依赖于PCR技术，基于SRY-PCR的早期胚胎性别鉴定技术以其高灵敏度、高准确率、速度快、花费少等众多优点正越来越多地应用于生产实践中。

PCR技术进行性别鉴定的方法步骤

①胚胎取样：安装切割仪，将胚胎切割仪与倒置显微镜固定在一起，将特制的显微分割刀（AB Technology, Inc, Pullman WA）固定在显微操作仪的操作手上，在60毫米分割平皿中做一个50微升的切割液微滴，选择经等级鉴定后的A、B级胚胎（鉴别方法详见胚胎移植）。每个胚胎在取样前先在切割液中洗3遍，再将洗好的胚胎放入切割液微滴，胚胎很容易粘到平皿底面。胚胎在倒置显微镜下被放大100倍进行分割取样。理想的情况下，在桑葚胚的边缘或囊胚的滋养层切取由5～8个细胞组成的小块。取样每枚胚胎后，分割刀需要依次在超纯水、95%乙醇、超纯水、切割液中洗涤，然后进行下一枚胚胎的取样。用2微升的移液枪装上2微升取样吸头，吸取回收液，从分割液滴中将样品吸起，推入装有8微升超纯水的100微升离心管中，置于液氮面上保存，图1-9、图1-10为胚胎取样过程。样品取走后，用200微升通用吸头吸取50微升回收液，从分割液滴中将取样后的胚胎吸起，放入已标记的6孔平皿对应的Holding液滴中准备冷冻。取样细胞个数和取样细胞活性依据形态学特征在倒置显微镜下眼观确定。

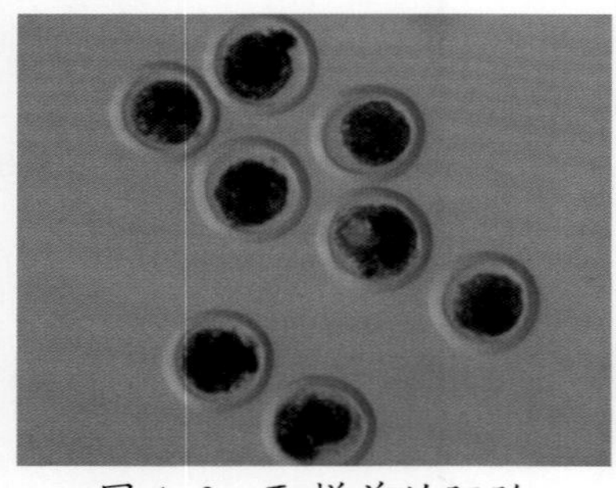

图1-9 取样前的胚胎

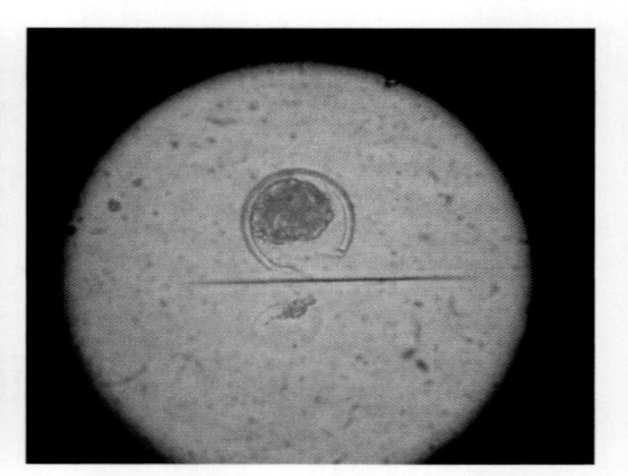

图1-10 取样后的胚胎

② PCR扩增：样品制备 将液氮面上冷冻的样品分析管取出，按顺序排列在一个空吸头盒（支架）上，吸头盒放在完全冻结的冰袋上。取3个装有8微升超纯水的分析管作对照样。

样品组成：

空白样：　　8 微升超纯水＋ 8.5 微升 YCD
雌性对照样：8 微升超纯水＋ 2 微升雌性样品＋ 8.5 微升 YCD
雄性对照样：8 微升超纯水＋ 2 微升雄性样品＋ 8.5 微升 YCD
分析样品：　8 微升超纯水＋ 2 微升胚胎细胞样品＋ 8.5 微升 YCD

DNA 扩增　将加好 YCD 并混匀后的对照样和样品分析管用纸巾包好拿至 PCR 室，并按顺序摆放在 PCR 反应槽中，PCR 反应的程序见表 1-4。

表 1-4　性别鉴定胚胎取样与 PCR 扩增程序

步骤	温度（℃）	时间	循环（次）
1	38	5 分钟	
2	95	45 秒	
3	95	15 秒	
4	64	1 分钟	
5	72	15 秒	
返回步骤 3			6
6	96	10 秒	
7	64	20 秒	
8	72	15 秒	
返回步骤 6			23
9	95	8 秒	
10	64	25 秒	
11	72	25 秒	
返回步骤 9			4
12	95	8 秒	
13	70	2 分钟	
14	4		

电泳 DNA 扩增结束后，打开盖子，依次取出分析管，摆在支架上。

用 2 ～ 20 微升微量移液器吸入约 5 微升 CR（甲酚红），放入样品中，混匀，吸取约 20 微升样品加到已准备好的凝胶样品槽中进行点样。

启动电泳仪，140 伏电泳 15 ～ 20 分钟。在 UV 紫外投射分析仪上观察结果并照相。

③结果分析：利用琼脂糖凝胶电泳检测，其中能同时扩增出两条带，即雌雄共有的“常染色体带”、“雄性特异性带”的胚胎即为雄性胚胎，如图 1-11 中的 1 号样品；而只能扩增出“常染色体带”的胚胎即为雌性胚胎，如图 1-11 中的 3 号奶牛胚胎样品。

2. 胚胎的冷冻、解冻及移植

方法与常规胚胎相同，详见第二节胚胎移植。

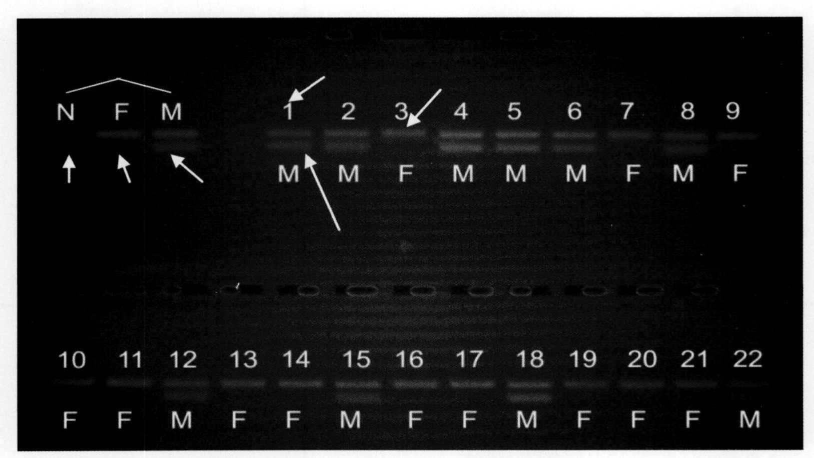

图 1-11 性别鉴定胚胎 DNA 提取 PCR 产物电泳结果

注：1 ～ 22 为性别鉴定的样品。F 表示鉴定结果为雌性；M 表示鉴定结果为雄性

（二）特点与效益分析

表 1-5 PCR 胚胎性别鉴定与 X 精子胚胎性别控制技术在奶牛中的应用效果比较

胚胎类型	常规胚胎	PCR 性别鉴定胚胎	X 精子性别控制胚胎
特点		对受精后 6 ～ 7 天的早期胚胎进行取样，分析 DNA	用分离后的精子输精，获得近 90% 性别一致的后代
超排获得的可用胚胎数量	5 ～ 6 枚（育成牛，经产牛）	5 ～ 6 枚（非鉴定的育成牛，经产牛胚胎）	3 ～ 5 枚（育成牛）
得到一头母牛犊所需的胚胎数量	5 枚	5 枚（非鉴定）	3 枚（X 性控胚胎）
得到一头母牛犊所需受体母牛数量	6 头	3 头	4 头
移植妊娠率	40% ～ 50%	45% ～ 50%	35% ～ 45%
产母犊率	45% ～ 50%	95% ～ 99%	75% ～ 85%
获得一头 6 月龄母牛的成本	14260 元	8140 元	6480 元
优点	操作简便，可任意选择公牛	准确率高，可任意选择公牛	操作简便，雌性率较高
缺点	成本高，效率低	操作繁琐，耗时长，成本高	对种公牛选择有局限性

表 1-5 为 3 种繁殖技术在奶牛上的应用效果分析，PCR 性别控制技术与性控精子生产胚胎技术都是建立在胚胎移植的基础之上结合生产需要发展而来的，相比常规胚胎移植，

可以较大幅度的节约生产成本。但这两项技术在设备和技术水平上要求较高，仅有少数牛场采用此项技术。

（三）案例

北京安伯胚胎生物技术中心自 2002 年 8 月成立以来，生产性别鉴定胚胎 40000 余枚，性别鉴定准确率在 95% 以上，移植妊娠率在 50% 以上。以中心在河北省鹿泉牛场等各地牛场性别鉴定胚胎移植情况为例，2010 年在河北省移植受体牛 4318 头次，妊娠 2169 头，妊娠率 50. 23%；产犊 2119 头，产犊率 97. 7%；其中母犊数 2087 头，公犊 32 头，胚胎雌性鉴定准确率 98. 5%。应用 PCR 性别鉴定和胚胎移植技术，成功实现了奶牛性别控制，达到了良种扩繁和增加牛奶产量的目标，为奶农带来了可观的收益。

第四节 高产奶牛选择技术

一、主要技术内容

（一）概念

高产奶牛的高产是一个相对的概念，各国之间对于高产的标准有所差异。按照中国的饲养水平，高产奶牛通常指一个泌乳期产奶量在 7000 千克以上的奶牛。

（二）主要生理特征

高产奶牛首先应符合本品种标准的要求，同时与低产牛相比较，具有采食和反刍时间较长，饮水量与采食量大，新陈代谢旺盛，排乳速度快，挤奶时间长，饲料利用率高的生理特性。

（三）高产奶牛的选择

1. 系谱选择

系谱是记载品种牛个体血统来源的育种文件，是奶牛育种的重要依据。系谱一般记载 3 ～ 5 代，主要内容有父母、祖父母、外祖父母牛号及其生产成绩。系谱选择就是通过查阅和分析奶牛各代祖先的生产性能和生长性状等材料，来估计奶牛的育种值。

系谱选择的注意事项：

①系谱记录清楚。

②奶牛系谱选择，多用于尚无产量记载和后裔测定资料的犊牛或青年牛。

③按系谱选择后备母牛，应考虑其父本、母本及亲本的育种值。

④系谱选择一般把重点放在上代的体型和生产性能指标上，同时也考虑近交情况。

⑤产奶量性状的选择，不能只以母亲的产奶量作为唯一标准，还应考虑其乳脂率、乳蛋白率等性状，同等考虑父、母的遗传特性。在正常的情况下，母牛的亲代、祖代生产性

能高、繁殖力强、利用年限长，其后代的生产性能也较高。

2. 体型外貌评定

奶牛体型外貌不仅与其健康和使用年限密切相关，而且决定着其生产能力和生产潜力。

（1）中国荷斯坦牛体型外貌特征

①中国荷斯坦牛公牛体型外貌：成年公牛头短而宽，头颈结合良好，额有卷毛；角短粗，多向两侧延伸；前躯发达，体躯长、宽、深；肋骨间距宽、长而开张；腹适中，胸深、宽；背平直；尻部长、平、宽；四肢结实，蹄质坚实，蹄底呈圆形；雄性特征明显。24月龄体高不低于143厘米，体重不低于720千克。

②中国荷斯坦牛母牛体型外貌特征：体型高大，胸腹宽深，骨骼舒展，外形清秀。皮薄骨细，被毛细短而有光泽，血管显露，肌肉不发达，皮下脂肪沉积少，头、颈长，胸腹宽深，后躯和乳房十分发达，侧视、前视和背视均呈“楔形”。

（2）中国荷斯坦牛母牛体型鉴定要点

①体型鉴定要点：侧视、前视和背视均呈“楔形”。

侧视：将背线向前延长，再将乳房与腹线连接起来，延长到牛前方，与背线的延长线相交，构成一个楔形。这样可以看出奶牛的体躯是前躯浅，后躯深，说明消化系统，生殖器官和泌乳系统发育良好，产奶量高。

前视：由头顶点，分别向左右两肩下方作直线延长，与胸下的直线相交，又构成一个楔形。表示肩胛部肌肉不多，胸部宽阔，肺活量大。

背视：由头部分别向左右腰角引两条直线，与两腰角的连线相交，也构成一个楔形。表示后躯宽大，发育良好。

体重要求：18月龄体重不低于390千克，体高不低于130厘米，体斜长不低于140厘米，胸围不低于175厘米；24月龄体重不低于650千克，体高不低于135厘米，体斜长不低于145厘米，胸围不低于180厘米。

②各部位鉴定要点：

头颈：高产中国荷斯坦牛母牛头清秀狭长，眼大有神，鼻镜宽广，颌骨坚实，前额宽而微凹，鼻梁平直，一般有角，多数由两侧向前向内弯曲，角体蜡黄。

躯干：肋骨弯曲成圆形，肋间距宽，则说明奶牛胸深、长、宽，肋骨开张良好。窄胸、平肋影响呼吸、循环，是严重缺陷；中躯容积要大，以利于奶牛采食和消化大量饲草饲料，应长、宽、深。腰背反映体质强弱，与健康状况关系密切，背线要长、宽、平、直、强健。凹背、弓背是严重缺陷；腹要宽、大、深、圆，呈充实腹，不宜下垂成“草腹”或收缩成卷腹；奶牛的臀部要长、宽、平、方，并附有适量肌肉，长度要达到体长的1/3，不应有斜臀和尖臀、屋脊臀，短、窄、尖、斜臀是严重缺陷；坐骨间距宽，乳房附着才良好，也利于产犊。

蹄肢：四肢是支持体重和进行运动的器官，关系到奶牛健康和生产能力。要求四肢端正、关节明显、蹄质结实、健壮，无跛行，蹄壳圆亮，内外蹄紧密对称，质地坚实。从前看，前肢应遮住后肢，前蹄与后蹄的连线和躯体中轴线要平行，两前肢的腕关节和两后肢的跗关节不应靠近。前踏、后踏、内向、外向、“O”形、“X”形肢势，是严重缺陷；蹄形要正，质地坚实，蹄底平，短而圆。

乳房：乳房是最重要的功能性体形特征。好的乳房体积大，乳房基部应前伸后延，附着良好。乳房丰满而不下垂，用手触摸弹性好，如海绵状。四个乳头均匀对称，皮肤细致，皮薄，被覆稀疏短毛。后乳区高而宽。乳头垂直呈柱形，间距匀称。乳头要大小适中，乳房及下腹部的乳静脉要明显外露、弯曲多、分枝多，粗大而深。同时乳房质地应松软，具有一定柔软度和伸缩度，富有弹性的腺质乳房是优质的乳房，结实强硬的肉质乳房是劣质乳房，不能有副乳头。

前乳房：乳房充奶时，大而深，且底线平，充分向腹前延伸，与腹壁的附着紧凑，乳头垂直向下、靠近，位于各乳区中间偏内侧，这样有利于机械化挤奶。乳头的长度与挤奶难易及易受损伤程度有很大的关系。通常认为，奶牛的最佳乳头长度为 5 ～ 7 厘米，初产牛以 5 厘米左右为宜，2 胎以上的奶牛可稍长。

后乳房：乳腺组织顶部至阴门基部的垂直距离以 24 厘米为中等，20 厘米以下为佳，后乳房高度可显示奶牛潜在的泌乳能力，通常认为乳腺组织顶部极高的体形是当代奶牛的最佳体形；奶牛后附着宽度越宽越好，理想宽度为 25 厘米，且乳房基底部也要宽。同样，后区的乳头也要求垂直向下，分布各乳区中央为佳。

乳房深度：以乳房最底部位在飞节上 5 厘米为中等，初产牛以 12.7 厘米为佳，2 胎以 10 厘米为好，3 胎以 8 厘米为佳。过深（乳房最底部超过飞节下）乳房容易受伤和感染乳房炎。中央悬韧带以裂沟的深度来判断，裂沟越深，表明悬韧带强度越高，悬韧带越结实有力，才能保持乳房应有高度和乳头的正常分布，减少乳房外伤的机会。

乳房检查：是否有乳房炎，乳区、乳头发育是否符合要求，同时用手触摸内部，感觉是否柔软、有弹性。垂乳房、山羊乳房、不匀称乳房均不好，乳房小而僵硬，则产奶少或有病。患过乳房炎症的，多数产奶少或不产奶，甚至为瞎奶头。可当场挤奶或用手触摸乳房检查。

③生殖器官：生殖器官与生产性能关系很大，要注意母牛患卵巢囊肿、持久黄体、子宫疾患等生殖系统疾病。

④年龄、胎次及体重：年龄和胎次对产奶成绩的影响很大。初配牛和 2 胎牛比 3 胎以上的母牛产奶量低 5% ～ 20%，3 ～ 5 胎的产奶量是逐胎上升，6 ～ 7 胎以后的产奶量则逐胎下降。准确的年龄鉴定，不仅可以确定奶牛的利用潜力和年限，而且可通过奶牛年龄与胎次的对应关系，判断其繁殖性能的好坏。可根据奶牛的牙齿和角轮来判断年龄。

牛的体重是选种的依据之一。在正规的奶牛场，奶牛的出生年月都有详细记录，很容易了解，对缺乏记录的奶牛，要采用估算、称重等方法。

（3）中国荷斯坦奶牛体型线性鉴定

线性鉴定方法是将奶牛体型的特点进行数量化处理的一种鉴定方法。该法针对每个性状，按其生物学特性的变异范围，定出该性状的最大值和最小值，然后以线性的尺度进行评分。我国统一执行 9 分制评分法，被鉴定牛只应在产犊后 40 ～ 150 天进行。具体鉴定方法参照《中国荷斯坦牛体型线性鉴定规程》执行。

（4）体尺测量

体尺测量是牛外貌鉴别的重要方法之一，其目的是为了填补肉眼鉴别的不足，它是观察肉牛生长发育和体型的重要手段，也是选种的重要依据之一。

体尺测量所用的仪器有：测杖、卷尺、测角（度）计等，测量体尺时必须使被测量的牛站立在平坦的地面上，牛的四肢应垂直、端正，左、右两侧的前后肢在同一条直线上。头应自然前伸，既不左右偏，也不高仰或下俯，头骨近端与鬐甲接近于水平。一般测量部位主要有：体高、体斜长、胸围。

体高：自十字部高点到地平面的垂直高度。用测杖测量。

体斜长：从奶牛肩胛骨前缘到坐骨结节后缘的距离。用测杖或硬尺测量。

胸围：肩胛骨后缘处作一垂线，用卷尺绕一周测量的长度。其松紧度以能插入食指和中指上下滑动为准。

3. 查看生产记录

高产奶牛选择除了查看系谱和现场进行体型评定外，还应当查看生产和育种记录。

生产性能记录：包括产奶量和乳成分测定记录。奶牛个体产奶量测定记录应每月一次，两次测定间隔时间不短于 26 天，不长于 33 天。产犊次日为泌乳期的开始，泌乳期第 7 天开始测定奶量，并可采集奶样。乳成分测定指标应有脂肪、蛋白、乳糖、水分、密度、酸度和体细胞数等。

配种繁殖记录：通过配种繁殖记录主要查看母牛的配种、繁殖与犊牛生产情况。记录内容包括：母牛号、胎次、与配公牛号、发情日期、输配日期、输配次数、输配人、妊娠诊断日期、妊娠诊断结果、复配日期、妊检人、预产日期、实产日期、出生犊牛性别、犊牛体重、犊牛编号、是否胚胎移植等。

体尺体重测定记录：主要记录有母牛出生、6 月龄、12 月龄、18 月龄和各胎次的产后 60 ～ 90 天的体尺、体重记录。

体型评分记录：按照中国奶业协会指定的奶牛体型线性评定法对奶牛个体进行的线性鉴定评分记录。

兽医诊疗记录：包括繁殖疾病、乳房疾病和其他疾病记录。

饲养记录：主要是针对不同生产阶段的奶牛个体的饲喂记录。包括饲料的种类、数量等。评定饲料报酬是一项挑选高产奶牛的重要指标，也是评定奶牛饲养成本的依据。高产奶牛最大采食量应占体重的 4%。每产 2 千克奶至少应吃干物质 1 千克，低于这个标准会导致体重下降或引起代谢障碍等疾病。

牛群周转等其他记录。

二、技术特点

能够迅速有效的大幅度提高奶牛群体和个体的生产性能。高产奶牛选择技术就是运用科学方法，选出较好的符合生产育种要求的奶牛个体留作种用，增加其繁殖量，以尽快从遗传角度改进牛群品质，提高生产性能。

高产奶牛选择在实践中更多的是对母牛进行选择。因为冷冻精液的普及推广，在生产实践中，主要通过查看系谱、生产档案和体型外貌鉴定对母牛进行选择，公牛的选择已经由对其个体的鉴定更多的转向对其系谱的审查和其精液品质的查检。

高产奶牛选择技术要求奶牛鉴定员具有较高的专业知识和实践技能。高产奶牛选择首先应了解中国荷斯牛品种标准，其次应熟悉奶牛体尺测定的各个部位，第三要有实际测量的经验，另外还要能看懂奶牛系谱，了解奶牛养殖档案，知道奶牛普通病和主要传染病等。

奶牛高产不仅要有选择技术，更重要的是要有科学的饲养管理技术。任何数量性状的表型值都是遗传和环境两种因素共同作用的结果。环境条件发生变化，表型值相应地发生不同程度的改变。因此，只有加强饲养管理，满足高产奶牛的营养需要，才能使高产奶牛的高产基因能得到充分表现。

三、效益分析

高产奶牛数量大幅度增加。20 世纪 70 年代以来，我国奶牛遗传改良工作稳步推进，种公牛培育进程不断加快。1985 年，成功培育我国第一个奶牛品种：中国荷斯坦牛。到 2006 年，中国荷斯坦牛及其杂交改良牛存栏约 1200 万头，成为我国奶牛的主要品种。2010 年我国奶牛存栏达到 1420.1 万头。

奶牛个体生产水平显著提高。随着“中国奶牛群体遗传改良计划（2008 ～ 2020 年）”的实施，以及奶牛良种补贴项目不断深入开展，特别是高产奶牛技术的广泛应用，中国荷斯坦牛的单产水平不断提高，从 2006 年的 4500 千克，到 2010 年的 5453 千克，增加了 953 千克。内蒙古自治区、新疆维吾尔自治区等奶牛养殖优势区的奶牛单产平均超过 6 吨，根据 2010 年 1 月份 DHI 测试结果，上海奶牛场泌乳牛单产排行榜前 15 名的奶牛日平均产奶量在 29.7 千克以上。

高产奶牛选择技术日益成熟。高产奶牛选择从一般的品种鉴定、查看系谱和生产记录等向奶牛体型线性鉴定、DHI 生产性能测定、信息化管理过渡，选择技术更加科学、准确，选择效果也更加理想。

四、案例

宁夏荷利源奶牛原种繁育有限公司

奶牛场总体布局按照标准化、现代化奶牛场设计规划。设施配套齐全、先进实用，符合现代化奶牛生产工艺要求，为奶牛高产高效提供了良好保证。应用美国验证荷斯坦公牛冻精，示范品种改良和性控快繁技术，提高示范基地奶牛综合生产性能。开展奶牛生产性能测定（DHI）工作，建立了奶牛创高产和标准化饲养示范群，配套推广各阶段标准化饲养技术和奶牛全混合日粮（TMR）饲喂技术，奶牛疾病综合防治技术和牛群保健技术、生鲜牛奶质量安全体系建设工程和示范基地示范形象与示范效果建设工程。实现了机械化挤奶、机械化饲养、机械化清粪和管理信息化。公司经营三年多来，已经呈现出良好的发展态势，奶牛生产水平逐年上升，2011 年成母牛单产达到 10270 千克。

预计 2012 年生产销售牛奶 8000 吨，销售收入 3300 万元，净利润 700 万元。公司奶牛业经营实现了优质、高产、高效目标，在区内外同行业具有重要的示范作用。

第五节 奶牛选种选配技术

一、主要技术内容

（一）选种

选种就是选择种牛，是指运用各种科学方法，选出较好的符合要求的奶牛个体留作种用，增加其繁殖量，以尽快改进牛群品质。奶牛场选用种公牛的好坏直接关系着牛场母牛的产奶能力及生产效益。目前国内饲养的种公牛主要有 4 个来源：一是从国外直接进口青年公牛或胚胎在国内培养的种公牛；二是引进国外优秀验证种公牛的冷冻精液，再选择国内的优秀种母牛进行交配，选育种公牛；三是利用国内后裔测定成绩优秀的种公牛选配优秀种母牛，选育种公牛；四是直接进口国外验证优秀种公牛。我国选择种公牛的方法有 2 种，即根据后裔测定结果选择验证公牛和通过系谱选择青年公牛。

1. 验证公牛的选择

针对牛群需要改良的缺陷，选择改良效果突出的优秀种公牛，在选择公牛时要认真阅读、分析种公牛的资料。

（1）系谱的选择

应查阅公牛的三代系谱，重点了解公牛的血统来源、生产性能和鉴定成绩等。系谱的选择是为了避免近交。因为近交会使隐性有害基因纯合，使有害性状表现出来（主要表现有：繁殖力减退、死胎、畸形多、适应性差、体质差、生长慢和生产力降低）。

（2）预测传递力（PTA 值）

PTA 值是选择公牛的主要指标，包括产奶量预测传递力（PTAM）、乳脂量预测传递力（PTAF）、乳脂率预测传递力（PTAF%）、乳蛋白量预测传递力（PTAP）、乳蛋白率预测传递力（PTAP%）和体型整体评分预测传递力（PTAT）。TPI（总性能指数）是将上述生产性状的 PTA 值根据相对经济重要性加权计算出的一个综合育种指数，公牛的选择通常按 TPI 值的大小排序。

（3）公牛女儿的体型性状

通过公牛女儿体型性状后测柱形图了解公牛女儿的各部位性状，从而选择公牛的优秀性状，避免公母牛的缺陷重合。通常，99% 的标准化的传递力（STA）数值在 -3 和 +3 之间。如果一头公牛某个性状的 STA 值等于零，说明该公牛的该性状处于群体的平均水平。但 STA 的极端取值只表明公牛性状与群体均值差异很大，并不表明性状一定理想或不理想，两者之间没有此类确切关系。对某些性状如悬韧带，以极端正值为好，极端负值为差；另外一些性状如后肢侧望，则以适中的 STA 值为理想，极端正值和负值都不好。

2. 青年公牛的选择

一是认真分析公牛的系谱，首先要了解其父亲和外祖父的改良效果，计算系谱指数。系谱指数 =1/2 父亲育种值 +1/4 外祖父育种值（父亲育种值的可靠性应达到 85% 以上）

二是查看公牛母亲的表现，包括头胎 305 天产奶量、乳脂肪率、乳蛋白率等性状。

3. 进口验证公牛冻精使用

目前，随着奶牛业的快速发展，奶牛场可以选择的进口冻精也越来越多。其中主要是从美国、加拿大、德国和法国进口的验证公牛冻精。进口冻精 100% 是经过后裔测定的，选择强度高，遗传水平高。产奶量较高的奶牛场可以适当地选用进口冻精，以加快奶牛群遗传改良进展。

4. 验证公牛和青年牛的使用比例

在奶牛业发达国家，验证公牛的使用比例一般为 60% ～ 70%，青年公牛占 30% ～ 40%。而我国奶牛场使用验证公牛的比例非常低。随着近年来奶牛养殖业的快速发展，种公牛的后裔测定越来越得到重视，后裔测定成绩优秀的种公牛使用比例逐渐加大。

（二）选配

1. 分析牛群情况，确定改良目标

在制定选配方案前，首先对在群牛的血统、以往使用过的公牛、胎次产奶量、乳脂率、乳蛋白率和体型外貌的主要优缺点等进行分析。确定本场最近几年的改良选育目标。目前，我国大部分奶牛场的改良目标以产奶量、乳脂率和乳蛋白率为主，兼顾乳房结构、肢蹄和体躯结构等性状。

2. 选配的原则

避免近亲交配：近亲交配容易使后代生长迟缓，生产性能降低，体型外貌差，从而降低养殖经济效益。

选择改良性状时，若母牛存在的缺陷较多，应先选择急需改良的重点，加大公牛改良效果的选择差，加快改良速度，使其主要缺陷尽快得到改良。

在改良过程中，不能用一个性状的极端去改良性状的另一个极端缺陷，应选择该性状最佳状态改良效果来改良所存在的缺陷。严格禁止使用与母牛具有共同缺陷的公牛进行改良，防止缺陷的加剧。

3. 选配的方式

（1）群体选配

确定整个奶牛场牛群生产性能和体型外貌方面普遍存在的需要改良提高的性状，选择种公牛进行改良。

（2）个体选配

根据每一头牛需要改良的性状，选择改良效果好的相应种公牛进行改良。

4. 选配的方法

（1）同质选配

选择与在群牛具有同样优点、改良效果突出的种公牛进行交配，以达到进一步巩固和提高其优点的目的。

（2）异质选配

针对奶牛存在的某些缺陷性状，选择对这些缺陷性状改良效果好的种公牛交配，达到

改良缺陷的目的。

5. 应注意的问题

要认真做好奶牛技术资料的记录和管理工作，包括：奶牛系谱（要求三代记录完整）、繁殖记录（包含配种、妊检、产犊详细记录）、奶牛生产性能记录（包含每月、每胎次、305 天泌乳记录和乳脂率、乳蛋白率、体细胞数记录），奶牛体型外貌线性评分记录等。

制定群体选配计划时，应注意青年公牛和验证公牛的使用比例，奶牛场制定选配计划时建议青年公牛占 30% ～ 40%，验证种公牛占 60% ～ 70%。

二、效益分析

2005 年中央 1 号文件提出实施奶牛良种繁育补贴项目，并首先在黑龙江、内蒙古、河北和山西 4 省、自治区 15 个项目县开展试点。2009 年，农业部组织人员对 4 个试点省、自治区奶牛改良效果进行了专题调查和数据分析，良种补贴后代女儿牛第一胎 305 天平均产奶量为 6166 千克，比母亲牛提高 99 千克。数据校正为成年当量后，良种补贴后代女儿牛 305 天产奶量为 7076 千克，比母亲牛提高 568 千克，乳脂肪率提高 0.14%、乳蛋白率提高 0.05%，体细胞降低 54 万个 / 毫升。另据对 4 个试点省、自治区部分牛群的跟踪调查，良种补贴后代牛体型匀称紧凑，外貌清秀，乳腺更加发达，初生重平均增加约 3 千克，犊牛成活率高，遗传疾病发生率低，良种补贴冻精改良效果十分明显。

三、案例

群体选种选配。2002 年开始，宁夏启动实施了奶牛品种改良项目，在全国率先实施冻精由政府统一采购、农户免费使用的政策。为保证冻精质量，避免近亲繁育，自治区畜牧站组织技术人员分析了全国种公牛站种公牛间血缘关系，在国内首次编制完成了《全国重点种公牛站种公牛血缘关系图》，编制了《宁夏奶牛良种补贴公牛和往年与配公牛亲缘系数表》《宁夏奶牛良种补贴项目各冷配点选种选配计划表》。还建立了一套完善的冻精引进和管理体系，实施统一编号、统一戴标、统一建档、统一供精、统一选配、统一计算机管理，形成了区、县、乡、村冷配点四级冷配改良服务体系。目前，该区已建立以优质冻精引进推广、系谱档案规范化管理、选种选配、四级冷配改良服务网络建设为主要内容的奶牛群体改良模式，在国内率先制定并全面实施了奶牛区域性选种选配和群体改良计划，探索和建立了农户养殖条件下开展选种选配工作、提高牛群生产性能的新模式，加快了奶牛品种改良，促进了自治区奶牛“质”的整体提升。2011 年全区成母牛单产达到 6515 千克，比 2001 年提高了 1397 千克，位居全国前列。乳脂率、乳蛋白及干物质等指标均达到乳品加工企业生鲜牛奶收购优等奶标准。

第二章 饲料与饲养技术

第一节 苜蓿加工利用技术

一、苜蓿干草加工调制技术

苜蓿干草调制的基本程序为：鲜草刈割、干燥、捡拾打捆、堆贮、二次压缩打捆。调制苜蓿干草的关键是减少调制时间，减少干燥过程中营养损失，减少不利天气的制约。在苜蓿干草调制过程中，影响苜蓿干草品质的最重要因素是苜蓿刈割时期、干燥方法及贮藏条件和技术。优质的干草含水量应在14%～17%，具有较深的绿色，保留大量叶、嫩枝和花蕾，并具有特殊的芳香气味。

（一）主要技术内容

1. 适时收割

在现蕾期至初花期（开花率20%以下）收割为宜。选择晴朗天气，土壤表层比较干燥时刈割。留茬高度在5～6厘米，割茬整齐，利于苜蓿再生。图2-1为苜蓿的收割过程，为了加快茎秆水分蒸发，并便于收集，常采用搂草机进行作业（图2-2）。大型收割机械带有压扁设备，可将苜蓿茎秆压裂，加快茎秆中水分蒸发速度，缩短晾晒时间，减少营养损失。刈割频率为春季至夏季30～40天间隔，盛夏季至秋季为40～50天间隔。

2. 干燥

常见的干燥方法有自然干燥、人工干燥和物理化学法干燥。

（1）地面自然干燥法

此法是苜蓿干草调制常采用的方法，简便易行，成本低，但干燥时间较长，受气候及环境影响大。苜蓿在收割干燥的过程中，损失比例为15%～30%。一般年降水量在200～300毫米的地区，可采用此法干燥。具体方法是：苜蓿草收割后，在田间铺成10～15厘米厚的长条晾晒4～5小时，使之凋萎。当含水量降到40%左右

图2-1 苜蓿机械收割

图2-2 机械搂草

时，可利用晚间或早晨的时间进行一次翻晒，以减少苜蓿叶片的脱落，同时将两行草垄并成一行，以保证打捆机打捆速度或改为小堆晒制，再干燥 1.5 ～ 2 天，就可调制成干草。

（2）人工干燥法

自然条件下晒制的苜蓿干草营养物质损失大，人工干燥可迅速干燥。人工干燥有风力干燥和高温快速干燥，使苜蓿水分快速蒸发至安全水分。通常采用高温快速烘干机，其烘干温度可达 500 ～ 1000℃，苜蓿干燥时间仅有 3 ～ 5 分钟，但成本较高。采用高温烘干后的干草，其中的杂草种子、虫卵及有害杂菌被杀死，有利长期保存。

（3）干燥剂干燥法

将一些碱金属盐的溶液喷洒到苜蓿上，经过一定化学反应使草茎表皮角质层破坏，加快草株体内水分散失，此法不仅减少干燥中叶片损失，而且提高干草营养物质消化率。常用干燥剂有氯化钾、碳酸钾、碳酸钠和碳酸氢钠等。澳大利亚在苜蓿压扁收割前对苜蓿喷洒 2% 的碳酸钾液，可缩短干燥时间 1 ～ 2 天，降低产量总损失量 13% ～ 22%，明显改善饲草品质。美国用碳酸钠、丙酸钠等配成混合液喷洒，在刈割压扁时使用 2.8% 的碳酸钾混合溶液直接喷洒苜蓿，对加快干燥速度效果最好。

3. 打捆

苜蓿一般在田间晾晒 2 天后，含水量降到 20% 左右时，可在早晚空气湿度较大时，用方捆捡拾打捆机在田间直接作业打成低密度长方形草捆，以便运输和堆放（如图 2-3）。国内外也有人调制高水分苜蓿干草，含水量 29% 打捆比 14% 打捆亩产草量高 107 千克，粗蛋白高 12.7 千克；含水量 29% 打捆比 18% 打捆粗蛋白明显提高，中性洗涤纤维（NDF）、酸性洗涤纤维（ADF）极显著低于后者，但灰分影响不大。美国制作高水分的草捆常添加丙酸，可防止霉变，保存营养。

4. 草捆贮存

草捆打好后，应尽快将其运输到仓库里或贮草场堆垛贮存（图 2-4）。堆垛时草捆之间要留有通风间隙，以便草捆能迅速散发水分。底层草捆不能与地面直接接触，以免水浸。在贮草场上堆垛时垛顶要用塑料布或防雨设施封严。

5. 二次压缩打捆

草捆在仓库里或贮草场上贮存 20 ～ 30 天后，其含水量降到 12% ～ 14% 时即可进行二次压缩打捆，两捆压缩为一捆，其密度可达 350 千克 / 立方米左右。高密度打捆后，草捆

图 2-3　苜蓿机械打捆

图 2-4　苜蓿草捆堆贮

体积减少了一半，更便于贮存和降低运输成本。

6. 苜蓿干草饲喂

应根据奶牛各阶段的营养需要饲喂适量的苜蓿干草。断奶后的犊牛和育成牛每天可饲喂 2 ～ 3 千克苜蓿干草，泌乳期应根据产奶量饲喂 4 ～ 9 千克。

（二）技术特点

1. 单位重量

苜蓿干草比新鲜草料能提供更多的干物质，既符合奶牛的消化生理，又能减轻对奶牛消化道的容积压力和负担，从而提高生产效益。

2. 调制苜蓿干草

可长时间保存和商品化流通，保证草料的异地异季利用，缓解草料在一年四季中供应的不均衡。

3. 制作方法和所需设备

可因地制宜，既可自然晒制，也可采用专用设备进行人工干燥调制，调制技术较易掌握，制作后取用方便。

4. 苜蓿干草调制

受阴雨天等气候条件的限制较大，加工时要特别注意。

（三）效益分析

1. 苜蓿草自然晾晒与机械烘干的效果

目前，自然晾晒的苜蓿草蛋白质含量约为 17% ～ 18%，国内销价 2200 ～ 2900 元 / 吨。机械烘干的苜蓿草蛋白质含量在 22% 以上。机械烘干较自然晾晒蛋白质含量高 5 个百分点，国内苜蓿草蛋白质含量每增加 1 个百分点，销价可提高 100 元，可多卖 500 元，去掉烘干成本，较自然晾晒增值 300 元 / 吨以上。

2. 苜蓿干草饲喂奶牛的效果

国内外科学研究表明，在奶牛日粮中加入适量苜蓿干草可以提高产奶量，改善乳成分和奶牛体质，提高经济效益。美国奶牛高产、健康、利用年限长、牛奶品质优，经验在于常年饲喂优质苜蓿干草。新疆呼图壁种牛场 2000 年创造了平均年产奶量 9503.3 千克的全国纪录，主要经验是常年供应奶牛苜蓿干草和玉米青贮。奶牛日粮粗蛋白的 60% 可由苜蓿提供，奶牛混合精料的 40% ～ 50% 可用苜蓿草粉代替。高产奶牛苜蓿日喂量达到 9 千克（苜蓿干草 4 ～ 5 千克 + 草粉 4 ～ 5 千克）或苜蓿青贮 7 ～ 9 千克，头日产奶量可增加 4 ～ 6 千克，头年单产可提高 1200 ～ 1800 千克，投入产出比可达到 1:3。

（四）案例

案例一 苜蓿干草生产

宁夏农垦茂盛草业有限公司成立于 2000 年，是以苜蓿草种植、加工、销售为主的草业企业，自治区农业产业化重点龙头企业，也是宁夏回族自治区贺兰山优质牧草种养加综合示范基地。公司建植3.45万亩（667平方米为1亩，全书同）优质高产的苜蓿基地，拥有125台套田间收获加工设备和7座草产品加工厂，年产苜蓿草产品3万余吨。贺兰山牌苜蓿草系列产品有初级草捆、高密草捆、草节捆、草颗粒、草粉。苜蓿田间收获作业从割草、散草、拢草到捆草，全部实现机械化。该公司银川种植基地的苜蓿一年能收割4茬，亩产苜蓿干草在1.2吨左右，粗蛋白平均值超过18%，达到国家规定草业产品出口标准。草产品除供给区内60余家奶牛养殖场外，还远销内蒙古、陕西、上海、广州等省市自治区。目前，已成为国内重要的商品苜蓿草基地和经营企业。

案例二 苜蓿干草应用

2002年以前，苜蓿在宁夏奶牛养殖中几乎没有应用。2004年，全区50头以上规模奶牛场大部分已用苜蓿干草饲喂奶牛,泌乳牛日喂干苜蓿3～5千克,可减少精料日喂量1～2千克。据统计，宁夏茂盛草业有限公司银川种植基地1亩地能够生产苜蓿干草在1.2吨左右，年产苜蓿干草10000吨以上，大部分用于宁夏农区奶牛养殖及向区外奶牛养殖企业销售。苜蓿的广泛应用使奶牛日粮趋于合理，促进了奶牛的高效养殖。宁夏金凤区翔达牧业科技有限公司现存栏奶牛1500头，其中，泌乳牛720头。2009年建场后一直从宁夏农垦茂盛草业有限公司购买优质苜蓿青干草饲喂后备牛和泌乳牛，提高了牛群整体品质和生产性能。后备牛（3～9月龄）头均饲喂苜蓿草2千克，泌乳牛头均饲喂苜蓿草5千克。泌乳牛305天产奶量达到9166千克，乳脂率4.1%，乳蛋白率3.5%。

二、苜蓿青贮调制技术

（一）主要技术内容

1. 苜蓿半干青贮

苜蓿半干青贮分为：苜蓿窖池青贮、草捆青贮、拉伸膜裹包青贮、袋式灌装青贮。调制的基本程序为：原料适时收获、晾晒、切碎、贮存。

（1）苜蓿窖池青贮制作

原料收获晾晒：在现蕾期至初花期（开花率20%以下）刈割，天气晴好情况下一般晾晒12～24小时，含水量降到45%～55%时即可制作。含水量可从感官上判断：叶片发蔫、微卷。在天气晴好的情况下，通常为早晨刈割下午制作，或下午刈割第二天早晨制作（图2-5）。

铡短：将原料用铡草机切短，长度一般为2～5厘米。

贮存：将铡短的原料装入青贮窖，每装填30～50厘米厚，即摊平、压实，均匀铺撒添加剂（饲料酶、有机酸、乳酸菌等），直至原料高出窖沿30～40厘米后，上铺塑料薄膜一层，再覆土20～30厘米密封。封顶2～3天后要随时观察，若发现原料下沉，应在下陷处填土，防止雨水和空气进入（图2-6、图2-7、图2-8）。

（2）苜蓿包膜青贮制作

原料收获、铡切要求与窖池青贮相同。将切短的原料填装入专用饲草打捆机中进行打捆，每捆重量约50～60千克。如果需要使用添加剂，应在打捆前将添加剂与切碎的苜蓿混合均匀后进行打捆。打捆结束后，从打捆机中取出草捆，平稳放到包膜机上，然后启动

图 2-5 苜蓿晾晒后铡短

图 2-6 苜蓿机械压实

图 2-7 覆盖塑料薄膜

图 2-8 覆土密封

包膜机用专用拉伸膜进行包裹，设定包膜机的包膜圈数以 22 ～ 25 圈为宜，保证包膜两层以上。包膜完成后，将制作完成的包膜草捆堆放在鼠害少、避光、牲畜触及不到的地方，堆放不应超过 3 层（图 2-9 和图 2-10）。

图 2-9 苜蓿打捆

图 2-10 苜蓿裹包

（3）袋式灌装苜蓿青贮制作

袋式灌装贮藏是国外兴起的一种不同于塔贮和窖贮的牧草保存方法。袋式灌装青贮采用袋式灌装机将切碎的苜蓿高密度地装入塑料拉伸膜制成的专用青贮袋。当苜蓿含水量为 60% ～ 65% 时，一个 33 米长的青贮袋可灌装 90 吨青贮料。袋式灌装青贮可节省投资，贮存损失小，贮存地点灵活。其最大优点是密闭性能强，原料密度大，灌装之后很快进入厌氧状态，对保存青贮料营养物质和提高综合效益均发挥重要作用。

2. 添加剂苜蓿青贮（表 2-1）

表 2-1 苜蓿青贮调制添加剂使用方法

名称	用量	使用方法
乳酸菌	每吨苜蓿需 2.5 克乳酸菌活菌	将 2.5 克乳酸菌溶于 10% 的 200 毫升白糖溶液中配制成复活菌液，再用 80 ～ 10 千克的水稀释后，均匀喷洒在原料上
有机酸	每吨苜蓿加 2 ～ 4 千克有机酸	直接喷洒在原料上
饲料酶	每吨苜蓿加 0.1 千克青贮专用饲料酶	用麸皮、玉米面等稀释后，再与原料均匀混合

3. 苜蓿混合青贮

苜蓿中可溶性碳水化合物含量低、蛋白质含量高、缓冲能力强，通过青贮发酵不易形成低 pH 值状态，梭菌的活动旺盛，对蛋白质有强分解作用的梭菌将氨基酸通过脱氨或脱羧作用形成氨，对糖类有强分解作用的梭菌降解乳酸生成具有腐臭味的丁酸、CO_2 和 H_2O。可见适宜水平的可溶性糖是克服高的缓冲度，确保青贮发酵品质，获得优质青贮的前提条件。为了满足乳酸菌的繁殖需要和创造均衡的养分条件，青贮时通常添加一些富含糖类的物质，包括一些糖分含量高的禾本科牧草、饲料作物，如制成苜蓿、玉米秸秆、红三叶、鸭茅等混合青贮。此外，也可将甜菜渣、糖蜜、米糠、酒糟等副产品混入原料中，进行混合青贮。混合比例应根据牧草种类、物候期、营养期和营养成分情况来确定。苜蓿在与玉米、高粱等禾谷类作物秸秆混合青贮时，苜蓿玉米的比例一般为 1 ∶ 2 或 1 ∶ 3。其中添加糖蜜的效果更好。

4. 苜蓿青贮饲喂

苜蓿青贮密封发酵 45 天后即可使用。取用时，从窖（袋）的一端沿横截面开启。从上到下切取，按照每天需要量随用随取，取后立即遮严取料面，防止暴晒。青贮苜蓿应与其他饲草搭配混合饲喂，也可与配合饲料混合饲喂。一般泌乳牛日饲喂量 10 ～ 15 千克。

（二）效益分析

2009 年以来，宁夏开展了苜蓿青贮技术试验示范并逐步推开。目前，已在固原、石嘴山和吴忠市等 13 个市、县（区）应用，累计加工制作苜蓿（窖池）青贮 8600 吨、苜蓿包膜青贮饲料 4180 吨。苜蓿青贮技术的特点：

适用范围广：加工调制操作方法简便、成本低、易贮存、占地空间小，包膜青贮便于运输使用和商业化生产，是解决夏秋季雨水集中、苜蓿收贮困难问题的有效措施。

保存养分多：与调制干草比，苜蓿青贮几乎完全保存了青饲料的叶片和花序，减少苜蓿晾晒、打捆过程中由于叶片损失造成的营养成分流失，提高了利用率。

饲喂效果好：半干苜蓿青贮是在大量试验研究及生产实践中应用后得出的较实用的技术。在制作过程中含水量低，发酵程度较低，酸味较淡，适口性好，消化率高，对奶牛有很好的增产效果。

包膜青贮捆裹过程中所需的丝网等材料费成本较高，但调制利用综合效益高、青贮品质好，推广应用前景广阔。添加剂技术是将来进行青贮的发展方向，因其生产成本低，环境污染小，同时其青贮品质不受收获季节、生育期及贮存温度的影响，值得在生产中推广应用。

（三）案例

宁夏银川市西夏区先锋奶牛养殖场建成于 2004 年，是全国第一批奶牛标准化示范场之一。2011 年末，存栏荷斯坦奶牛 980 头。其中，成母牛 574 头。泌乳牛 305 天头均产奶量 8816 千克，乳脂率 3.9%，乳蛋白率 3.39%。2004 年以来，该场泌乳牛粗饲料结构一直以全株玉米青贮、苜蓿干草为主。2012 年 5 月开始，宁夏畜牧工作站指导先锋奶牛养殖场成功制作苜蓿半干青贮饲料 600 余吨，并开展了苜蓿青贮、苜蓿干草饲喂泌乳中后期奶牛试验。经 90 天饲喂试验，饲喂苜蓿青贮的奶牛日均产奶量增加 1.8 千克，比饲喂苜蓿干草组奶牛高 9.13%。乳脂、乳蛋白、非脂乳固体等乳成分指标均不同程度的高于饲喂苜蓿干草组泌乳牛。试验期内饲喂苜蓿青贮的奶牛多盈利 650 元。饲喂苜蓿青贮对增加牛群产奶量、提高牛奶品质具有明显效果。

三、苜蓿颗粒加工技术

图 2-11　加工好的苜蓿颗粒

苜蓿草颗粒指将适时收获、干燥、粉碎成一定细度的紫花苜蓿，经水蒸气调制后，用颗粒机压制而成的饲料产品（图 2-11）。

（一）主要技术内容

1. 紫花苜蓿草粉加工

将调制好的优质紫花苜蓿干草用 2 毫米筛目的饲料粉碎机加工成草粉后，定量分装、运输堆放在干燥的地方备用。

2. 紫花苜蓿草颗粒加工

（1）草颗粒加工设备

加工草颗粒的设备主要是颗粒机或颗粒机组。小规模生产中通常只用颗粒机单机进行制粒。规模化、商业化的草颗粒生产中更多使用由颗粒机与各种配套设备组成的机组。颗粒直径范围为 6 ～ 8 毫米，长度可调节。可压的草粉细度为 1 毫米以内。颗粒采用自然冷却。

（2）草颗粒加工流程

配方设计：按奶牛的营养要求，配制含不同营养成分的草颗粒。

原料混合：按照草颗粒配方设计要求，各种配料按单位产量比例与少量草粉预混合，再加入全部草粉混匀。原料在混合前要准确称量，量小的配料必须经过预混合。

草颗粒成型：混合均匀的原料进入草颗粒成型机挤压成型，成型颗粒进入散热冷却装置，冷却后的草颗粒含水量不超过 13%。

草颗粒分装、贮藏：草颗粒成品在出口定量包装，封口后送入仓库贮藏。

（3）紫花苜蓿草颗粒产品的包装、运输、贮存

草颗粒产品用不透水塑料编织袋包装。产品在运输过程中应防雨、防潮、防火、防污染。

产品贮存时，不得直接着地，下面最好垫一层木架子，要求堆放整齐，每间隔 3 米要留通风道。堆放不宜过高，距棚顶距离不小于 50 厘米。露天存放要有防雨设施，晴朗天气要揭开防雨布晾晒。

(4) 饲喂方式

苜蓿草颗粒有两种饲喂方式：一是作为奶牛精料的一部分；二是替代低蛋白或低质量饲草。

(二) 技术特点

草颗粒粉尘小、质地硬脆、颗粒大小适中、利于咀嚼、适口性好，可提高奶牛采食量。

由于含水量很低，适于长期贮存而不会发霉变质，运输方便。便于机械化饲养或在自动食槽上应用，降低劳动强度和减少浪费。

(三) 案例

北京某奶牛场，进行后备奶牛试验，选择体重相近的 8 头牛，随机分为 2 组，试验组供给苜蓿草颗粒饲料；对照组饲喂相同饲料组成的粉料。两组牛平均每头每日进食风干饲料 10.33 千克。经 30 天的饲喂试验，试验组和对照组牛均健康，生长正常。饲喂苜蓿颗粒饲料的牛在 30 天内比对照组多增重 4.32 千克，平均日增重高 134 克，即提高增重 9.52%。饲喂颗粒饲料牛的饲料转化效率提高 8.68%。经测定，牛采食普通苜蓿干草的时间每次为 60 ～ 90 分钟，而采食苜蓿颗粒的时间每次为 45 ～ 60 分钟即可完成，采食时间缩短约 30% ～ 50%。

苜蓿制成颗粒饲料，是用物理法对植物的细胞壁和纤维素结构、木质素结构进行破坏，使植物的紧密纤维素结构变得松散，瘤胃微生物易于侵入，有利于微生物的生存和繁衍，以此提高微生物的分解作用。农作物秸秆或粗制牧草和新鲜优质牧草结合，在营养学上达到了互补，提高了两者的营养价值。粗饲料颗粒化后，密度比原样增加 5 倍以上，体积减少，方便贮存和运输。欧美国家用于牛的饲料 50% 以上是颗粒饲料。

第二节 全混合日粮（TMR）饲养技术

一、主要技术内容

(一) 全混合日粮（TMR）搅拌车选择

奶牛场选配 TMR 搅拌车时，应综合考虑牛场 TMR 加工方式、搅拌车机型及容积。

1.TMR 搅拌车应用模式

(1) 固定式

图 2-12 固定式 TMR 搅拌机

TMR 搅拌车位置固定，原料投入搅拌车进行加工，生产完成后再由不同的运载工具运入牛舍进行饲喂。这种方式对牛场道路、牛舍建筑要求相对较低，机械投入相对较少，适合牛舍、道路限制而无法直接投喂的小型牛场和养殖小区（图 2-12）。

（2）移动式

使用移动式 TMR 搅拌车直接加工和投放日粮。目前，移动式 TMR 搅拌车主要有牵引式、自走式和卡车式三种。这种方式对牛场建筑要求高，设备投入大和维护费用高，但自动化程度高，节省劳动力，适合于大型规模牛场和散栏式饲养的牛场（图 2-13）。

图 2-13 移动式 TMR 搅拌车

2.TMR 搅拌车机型

根据搅拌箱的形式有立式和卧式两类。

（1）立式 TMR 搅拌车

立式搅拌机内部是 1 ～ 3 根垂直布置的立式螺旋钻搅龙，只能垂直搅拌，揉搓功能较弱，可切割小型草捆（每捆重量小于 500 千克），或大草捆（每捆重量大于 500 千克），不需要对长草进行预切割，机箱内不易产生剩料，行走时要求的转弯半径小（图 2-14）。

图 2-14 立式 TMR 搅拌车

（2）卧式 TMR 搅拌车

卧式搅拌机内部是 1 ～ 4 根平行布置的水平搅龙，既有水平搅拌，又有垂直搅拌。具有较强的揉搓功能，适用于切割小型草捆，但需要对长草进行预切割，机箱内剩料难清理，行走时要求的转弯半径大（图 2-15）。

图 2-15 卧式 TMR 搅拌车

3.TMR 搅拌车的容积

TMR 机通常标有最大容积和有效混合容积，前者表示最多可以容纳的饲料体积，后者表示达到最佳混合效果所能添加的饲料体积，有效混合容积约等于最大容积的 80%。TMR 日粮水分控制在 50% 左右时，加工的日粮容重为 275 ～ 320 千克 / 立方米。不同规模奶牛场 TMR 搅拌车容积选择参考详见表 2-2。

表 2-2 不同规模奶牛场 TMR 搅拌车容积选择参考

奶牛场规模（头）	100 ～ 300	300 ～ 500	800 ～ 1000	2000 ～ 3000	3000 ～ 10000
TMR 搅拌车容积（立方米）	7	9	12	30	60

4. 选型原则

500 头奶牛以下的小牧场，首先考虑选择卧式搅拌车，因为立式 TMR 需要另外配备装载机或取料机，小型牧场受条件限制，常不具备这些附属设备（图 2-16），而卧式设备在装料环节比较方便，可用人工填装干草和精料。固定式 TMR 也应首选卧式，半地下的卧式 TMR（图 2-17）填装物料非常方便，立式固定式 TMR 在装料和日常保养方面没有优势。16

立方以上的大立方 TMR 因需要的扭力较大，对搅龙同心度和切割角度的要求较高，卧式 TMR 很难达到设计要求，应首选立式搅拌机。

图 2-16　固定式立式搅拌机加料不方便

图 2-17　固定式卧式搅拌机加料方便

（二）TMR 常用原料

粗饲料原料：主要有青绿饲草、干草、青贮饲料、根茎类饲料、糟渣类饲料、秸秆等。

精饲料原料：主要有谷实饲料、饼粕类饲料、豆类及棉籽饲料、糠麸类饲料、干糟渣、动物性饲料等。

添加剂饲料：主要有矿物质饲料、维生素饲料、非蛋白氮饲料、饲用微生物饲料、酶制剂和其他饲料添加剂等。

（三）TMR 制作

TMR 制作一般分为 3 个步骤。

原料进行预处理：如大型草捆应提前打开，鲜苜蓿草铡短，去除发霉变质饲料，冲洗干净块根、块茎类饲料等。

添加原料：添加饲料原料时应先干后湿、先长后短、先轻后重。卧式搅拌车的原料添加顺序是：精料、干草、辅助饲料、青贮、湿糟类等，立式搅拌车应先添加干草（图 2-18）。

图 2-18　添加干草

搅拌：搅拌是获取理想 TMR 的关键环节，搅拌时间与 TMR 的均匀性和饲料颗粒长度直接相关，应边投边搅拌。一般情况下，加入最后一种原料后应继续搅拌 3 ～ 8 分钟，总的混合时间掌握在 20 ～ 30 分钟。

（四）发料

采用固定式模式的牧场，TMR 生产完成后由专门的车辆运入牛舍进行饲喂。采用移动式模式的，使用移动式 TMR 搅拌车直接将日粮投放到牛舍。

（五）TMR 质量评价

1. 感官评价

各饲料原料混合均匀，无可见草团、干料面，不结块、不发热，无异味，水分 45% ～ 50%。

2. 宾州筛过滤法

也叫草料分析筛，主要用于 TMR 饲草料的检测，是用来估计日粮组分粒度大小的专用筛。由 3 层筛子和一个底盘组成，使用步骤是：奶牛未采食前从日粮中随机取样，放在上部的筛子上，然后水平摇动两分钟，直到只有长的颗粒留在上面的筛子上，再也没有颗粒通过筛子为止。分别对筛出的 4 层饲料称重，计算它们在日粮中所占的比例。各阶段牛 TMR 日粮粒度推荐值详见表 2-3。

表 2-3 美国宾夕法尼亚大学对 TMR 日粮的粒度推荐值

饲料种类	一层（%）	二层（%）	三层（%）	四层（%）
泌乳牛 TMR	15 ～ 18	20 ～ 25	40 ～ 45	15 ～ 20
后备牛 TMR	40 ～ 50	18 ～ 20	25 ～ 28	4 ～ 9
干奶牛 TMR	50 ～ 55	15 ～ 30	20 ～ 25	4 ～ 7

（六）TMR 饲喂管理

1. 奶牛合理分群

奶牛的合理分群是采用 TMR 饲养技术的前提和基础，牧场须结合实际情况进行分群。存栏成年奶牛 150 头的场，可分成干奶牛、泌乳牛两个群；存栏成年奶牛 150 ～ 300 头的，可分成干奶牛、高产牛、低产牛群 3 个群；存栏 300 ～ 500 头的，可分成干奶牛、高产牛、中产牛、低产牛四个群；存栏 500 头以上的，可根据泌乳阶段分为早、中、后期，干奶前期、后期牛群，有条件的可把头胎牛和经产牛分开饲养。后备牛群应按照群体个体基本一致的要求进行分群，随着后备牛月龄的增加，群体数量也随着增加。当要进行 TMR 组别变化时，尽可能在同一时间转群，转群时间奶牛食欲会波动，晚上转群可减轻应激反应。分群不能过于频繁，否则容易造成应激。

2. 干物质采食量（DMI）预测

干物质采食量的预测可根据美国 NRC 奶牛的营养需要作推算，也可根据其他公式计算理论值，同时结合奶牛不同年龄、胎次、产奶量、泌乳期、乳脂率、乳蛋白率、体重。对处在泌乳早期的奶牛，不管产量高低，都应该以提高干物质采食量为主。预测泌乳牛 DMI 的常用公式如下：

公式一：$DMI=0.025W+0.1Y$（适用于大型奶牛场泌乳中后期牛）。式中 W 是活重，Y 是日产奶量。

公式二：$DMI=8+M/5+Y/1000$（适用于大型奶牛场成年母牛）。$DMI=6+M/5+Y/1000$（适用于大型奶牛场青年母牛）。以上两式中 M 是日产奶量，Y 是年产奶量。

3. 营养浓度的检测

定期送检饲料至检测机构检测饲料营养成分，随时更新饲料数据库的营养成分，并对日粮营养水平进行评估，保证 TMR 配方的营养平衡。

（七）注意事项

1. 要经常检测

分析饲料原料营养成分的变化，注意各种原料的水分变化。同时奶牛日粮需要一定量的 NDF（高产奶牛日粮中，至少含有 NDF28% ～ 35%），来维持瘤胃发酵，保证奶牛的健康和乳脂率的稳定。

2. 要控制精粗比

日粮中粗料比例不能过低，要求不低于日粮中总干物质的 40%。

3. 要勤观察，勤记录

每天观察奶牛的采食量、剩料量；每头奶牛应保证 50 ～ 70 厘米的采食空间，每天空槽时间不能超过 2 ～ 3 小时；及时清理剩料，剩量控制在 3% ～ 5%，保证日粮新鲜。

二、技术特点

增加干物质采食量，提高饲料转化效率。在 TMR 加工过程中，粗饲料的长度控制在 4 厘米左右，有效减小饲料的容积，同时 TMR 饲料营养均衡。一般让奶牛自由采食，奶牛的干物质采食量增加。TMR 为奶牛瘤胃微生物同时提供蛋白、能量、纤维等均衡营养物质，有利于瘤胃微生物蛋白的合成，提高饲料转化效率。

营养均衡，有利于维持瘤胃 pH 值稳定。TMR 饲料营养均衡，奶牛每摄食一口 TMR，吃到的营养成分基本相同，有利于维持奶牛瘤胃 pH 值的稳定，减少消化道疾病的发生。可有效利用一些适口性差的饲料。TMR 是一种混合均匀的饲料，可避免奶牛挑食，能有效利用一些适口性差的饲料，减少饲料浪费，降低饲料成本。

简化饲喂程序，防止饲喂的随意性，提高奶牛饲养的精细化程度。实行分群饲养，机械投料，提高生产效率，降低劳动力成本。

三、效益分析

1. 提高产奶量，改善乳成分

饲喂 TMR 饲料可最大满足奶牛的营养需要，有效增加奶牛的干物质采食量，维持奶牛瘤胃 PH 值稳定，提高饲料消化率，提高奶牛产奶量。研究证明，一般可提高奶牛产奶量 10% 以上，提高乳脂率 0.1 个百分点以上。

2. 节约饲料，降低成本

使用 TMR 饲喂方式可节约干草 5%，青贮 10%。

3. 饲喂方便，节省劳力

TMR 采用机械化操作，减轻工人的劳动强度，节约劳动力。

4. 降低奶牛发病率，节约治疗费用

采用 TMR 饲喂方式，可降低奶牛发病率 20%，节约了疾病防治费用。

四、案例

近年来，陕西省大力开展奶牛高产创建活动，TMR 技术作为奶牛高产创建活动的主推技术之一，受到各级畜牧技术推广部门和规模牛场的重视，采用 TMR 饲喂技术的牛场日益增多，TMR 技术的推广应用为牛场带来了良好的经济效益。据我们调查，西安市现代农业发展总公司畜牧公司下属一、二、三、五奶牛场，自从 2009 年应用 TMR 技术以来，奶牛采食量明显提高，避免了奶牛挑食的现象，奶牛膘情得到较好控制，消化道疾病明显下降，奶牛 305 天平均产奶量从 6112.84 千克增加到 8825.4 千克，增幅达 44.37%，乳蛋白率、乳脂肪率也有明显提高。宝鸡奥华现代牧业有限公司，从 2009 年 8 月开始使用 TMR 技术，使用之前牛场代谢病发病率 26%，使用 TMR 技术后代谢病发病率下降到 4%；乳脂率从使用前的 3.89% 提高到 4.02%，增加了 0.13 个百分点。

第三节 全株玉米青贮技术

一、主要技术内容

全株玉米青贮与普通秸秆青贮方法基本相同，最重要的是把握好收割时机，过早收割秸秆与果穗营养不充实，且水分过大；过晚收割则果穗坚硬，青贮后影响饲喂效果，适宜的收割期在乳熟后期到蜡熟前期，即整株含水量 65% ～ 70%，籽实含水分 45% ～ 60%（是生食或煮食的适宜期），此时“花须开始蔫、苞叶开始黄、掐动不出水、颗粒乳黄线 1/2”，约比正常收获期提前 10 ～ 15 天。其次是秸秆切短的长度一般为 1 ～ 2 厘米，有利于压实。第三是在青贮前池底铺上一层 10 ～ 15 厘米的软草，以吸收压实时渗出的汁液。

（一）全株玉米青贮技术要点

1. 青贮场地和容器、方法

（1）青贮场地

应选在地势高燥，排水容易，地下水位低，取用方便的地方。

（2）青贮容器

青贮容器种类很多，有青贮塔、青贮壕、青贮窖（有长窖、圆窖）、水泥池（地下、半地下和地上）、青贮袋以及青贮窖袋等，养殖场、户要根据当地气候条件、养殖数量、青贮数量、原料供应数量等实际情况选择不同的青贮容器。

（3）青贮方法

根据使用的设备不同，可分为窖贮、堆贮和袋贮等方法。

①窖贮法：这是目前国内最常用的方法。分地下式、半地下式和地上式。青贮窖最好用砖石等砌好，表面再用水泥抹光。地下式青贮，青贮窖全部位于地下，深度根据地下水位的高低决定。半地下式青贮，青贮窖的一部分位于地下，一部分在地上，在较浅的地下

式的基础上，再在地上用砖、石等垒砌 1 ～ 2 米高的壁，表面用水泥抹光。地上式青贮，青贮窖全部位于地上，在平地基础上再用砖、石等垒砌 3 ～ 4 米高的壁，表面用水泥抹光。为减少青贮时窖内空气存留，提高青贮饲料质量，无论地下式、半地下式或地上式青贮窖，其四周及窖底边角均应呈圆弧形，同时应当注意具有排水能力。在生产实际中，地下式和半地下式青贮窖会有很多问题，如取料、排水困难等，因此，新建青贮窖建议以地上式为宜。

②堆贮法：此法经济简便易行，只要有平坦的水泥地面或其他平整坚硬的地面即可。制作时，在地面上铺上农用塑料薄膜，将切短的青贮饲料堆上，并逐层踩实，再在上面盖上塑料薄膜，用泥土压实即可。

③袋贮法：利用青贮塑料袋青贮适合于养殖规模较小或青贮原料少的农户，农村千家万户都可采用。此法经济简便易行，用户只需把青贮原料铡短，装入事先做好的青贮塑料袋中即可。青贮袋的大小要依据牲畜多少和青贮原料多少决定，一般为直径 1 ～ 1.5 米，长 1.5 ～ 2 米，塑料薄膜厚度不小于 8 ～ 10 丝。

2. 全株玉米的刈割与切短

（1）刈割时间

把握好青贮玉米的刈割时间是控制好青贮质量的前提。对于玉米青贮的收割时机一般依据玉米籽粒的成熟状况来判断，在玉米籽粒的乳线处于籽粒的 1/3 ～ 3/4 时最为理想，如图 2-19 显示的玉米籽粒乳线处于 1/3 ～ 3/4 处，而图 2-20 显示的为玉米籽粒乳线处于 1/4 处，此时收割过早。当然，对于植株的成熟情况根据品种和气候因素的不同也可适当掌握，收割时青贮干物质含量在 30% ～ 35% 之间比较利于青贮的发酵，并可最大限度减少青贮养分的流失。

图 2-19　玉米籽粒乳线处于 1/3 ~ 3/4 处

玉米青贮收获过早，籽粒发育不好，淀粉含量低，能量低，营养损失严重；同时原料含水量过高，降低了糖的浓度，会使青贮易酸败，表现为发臭发黏，奶牛不愿采食或减少采食量。玉米青贮收获过晚，虽然淀粉含量高但纤维化程度高，消化率差。装窖时不易压实，保留大量空气，造成霉菌、腐败菌等的繁殖，使青贮霉烂变质，导致发酵的质量差。

全株玉米青贮在玉米籽实蜡熟期，整株下部有 4 ～ 5 个叶变成棕色时刈割最佳。实践证明青贮玉米的干物质含量在 30% ～ 35% 时，青贮效果最为理想。

（2）刈割高度

玉米青贮刈割高度通常在 15 厘米以上为好。有的连根刨起，带有泥土，这就会严重影响青贮的质量；由于玉米秸靠近根部的部分含木质素较高，质量很差。有资料显示，高茬刈割比低茬刈割中性洗涤纤维含量降低 8.7%，粗蛋白含量提高 2.3%，淀粉含量可提高 6.7%，产奶可净提高 2.7%。

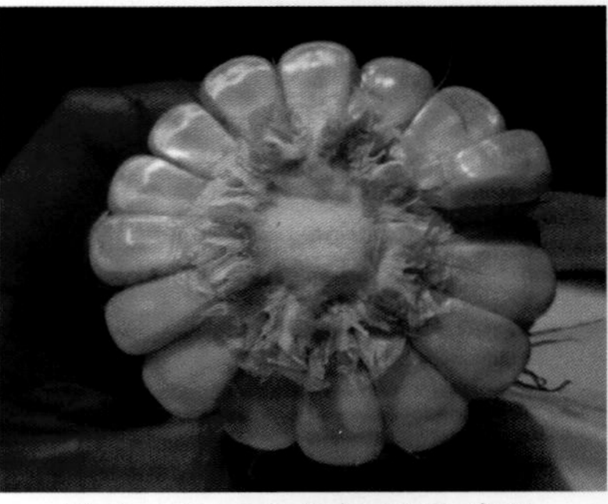

图 2-20　玉米籽粒乳线处于 1/4 处

(3) 切割长度

适宜的切割长度有利于提高青贮的质量。有效纤维能刺激奶牛咀嚼，咀嚼刺激唾液分泌，唾液中含有的缓冲物能保持瘤胃较高的 pH 值，而较高的瘤胃 pH 值能提高纤维消化和维持正常的乳脂。如果铡的太短会导致刺激奶牛咀嚼的有效纤维含量减少，容易发生瘤胃酸中毒。铡的太长，则会影响青贮窖的压实密度，导致青贮变质。适宜的长度应当控制在 1.5 ～ 2 厘米左右，其中，全株青贮玉米干物质小于 22% ～ 26% 时切割长度以 2.1 厘米为宜，干物质在 26% ～ 32% 时切割长度以 1.7 厘米为宜，干物质大于 32% 时切割长度以 1.1 厘米为宜。

3. 玉米青贮的调制

青贮发酵是一个难于控制的过程，发酵可使饲料的养分保存量降低；全株玉米青贮投入大，制作时可添加青贮添加剂以改善青贮过程，提高青贮质量。

(1) 发酵刺激物

包括微生物接种剂和酶制剂等。

①微生物接种剂：青贮发酵很大程度上取决于控制发酵过程的微生物种类。纯乳酸发酵在理论上可保存 100% 的干物质与 99% 的能量。所以向青贮添加微生物接种剂加速乳酸发酵而达到控制发酵，进而生产出优质青贮。常用的青贮接种剂包括：植物乳杆菌、嗜酸乳杆菌、戊糖片球菌、嗜乳酸小球菌、粪大肠杆菌、乳酸片球菌、布氏乳杆菌、短乳杆菌和发酵乳杆菌等。市售的青贮接种剂多为混合菌剂，选用时一定要注意其混合菌群结构以及活性，根据自身的需要选择信誉度高或经养殖场户充分认可的菌剂。

②酶添加剂：包括单一酶复合物、多种酶复合物、以及酶复合物与产乳酸菌的混合物。纤维分解酶是最常用的酶制剂，这种酶可以消化部分植物细胞壁产生可溶性糖，产乳酸菌将这些糖发酵从而迅速降低青贮的 pH 值，增加乳酸浓度，来促进青贮发酵，减少干物质的损失；同时植物细胞壁的部分降解有助于提高消化速度和消化率。

(2) 发酵抑制物

丙酸具有最强抑制真菌活动的能力，它显著减少引起青贮有氧变质的酵母和霉菌；丙酸的添加量随玉米青贮的含水量、贮藏期以及是否与其他防霉剂混合使用而变化，添加量过大也会抑制青贮发酵。丙酸具有腐蚀性，在实际生产中常用其酸性盐，如丙酸氨、丙酸钠、丙酸钙中和。

(3) 养分添加剂

主要是氨和尿素等，添加氨和尿素可以使青贮的保存期延长，增加廉价的蛋白质，减少青贮中蛋白质的降解，减少青贮过程中发霉和发热。添加氨和尿素必须在青贮过程中喷洒均匀，添加量应根据玉米青贮干物质含量的不同而变化，含水量越少添加量越高，适宜添加量是 2.3 ～ 2.7 千克氮 / 吨 35% 干物质的青贮，2.0 ～ 2.3 千克氮 / 吨 30% 干物质的青贮。注意干物质超过 45% 的青贮不要添加氨和尿素，较干的原料会限制发酵，使正常的发酵中断。

4. 装窖、压实和密封

此处主要针对广大养殖场、养殖户应用较多的窖贮法进行详细介绍。

(1) 青贮窖的深度

青贮窖的深度要考虑地下水位限制、取料方便、易于排水管理等因素，半地下青贮窖适合小型规模养牛场。青贮窖地下部分深度应在 2 米以内，地上部分要保证 1 米以上。青贮窖距地下超过 2 米，取料就会困难，所以推荐以建设地上青贮窖。

（2）青贮窖的宽度

青贮窖的宽度应当取决于取料速度或养殖规模。青贮窖的宽度建议以每天至少取料在 15 厘米以上为佳。青贮窖宽度小，装填、密封快速，可以促进更快更好的发酵；取料面小易于管理，干物质损失少，二次发酵的机会就少。

（3）玉米青贮的密度

制作青贮必须压实、封严，达到一定的密度。质量好的全株玉米青贮密度应达到每立方米 200 ～ 250 千克干物质。也即青贮玉米干物质为 28% ～ 32% 时压窖密度控制在 750 千克 / 立方米，干物质 32% 以上时压窖密度控制在 700 千克 / 立方米，干物质 22% ～ 28% 时压窖密度控制在 850 千克 / 立方米以上。

（4）装窖时间

玉米青贮一旦开始，就要集中人力、物力，刈割、运输、切碎、装窖、压实、密封要连续进行。同时，在窖壁四周可铺填塑料薄膜，加强密封。快速装窖和封顶，可以缩短青贮过程中有氧发酵的时间；并且装窖要均匀、压实，可以提高青贮饲料的质量。

（5）压实与密封

压实与严密封窖，防止漏水透气是调制优良青贮料的一个重要环节。采用渐进式楔形青贮，每装填 20 ～ 30 厘米用重型机械进行压实；压窖的车不能带链轨，对相同重量的拖拉机而言，拖拉机和地面之间接触面积越小压力会越大。在青贮原料装满后，还需继续装至原料高出窖的边沿 60 厘米左右，然后用塑料薄膜封盖，再用泥土或轮胎压实，泥土厚度约 30 ～ 40 厘米，使窖顶隆起。这样会使青贮原料中空气减少，提高青贮质量。

（6）青贮窖的维护

青贮窖密封后，为防止雨水渗入窖内，距窖四周约 1 米处应挖沟排水。随着青贮的成熟及土层压力，窖内青贮料会慢慢下沉，土层上会出现裂缝，出现漏气，如遇雨天，雨水会从缝隙渗入，使青贮料败坏。因此，要随时观察青贮窖，发现裂缝或下沉，要及时覆土。

（7）开窖与取用

青贮原料必须经过一定时间的发酵才能充分完成青贮过程。发酵过程首先是酵母菌、醋酸菌、霉菌、腐败菌等需氧微生物生长繁殖。这几种微生物破坏营养物质，产生不良的气味和苦味，降低青贮的质量。在青贮内只有氧气消耗完后，厌氧的乳酸菌、梭状芽孢杆菌开始活动，乳酸菌利用可溶性糖产生乳酸；芽孢杆菌不耐酸，可使糖、有机酸、蛋白质发酵产生丁酸、氨等难闻气味的物质。要做好玉米带穗青贮，必须尽快满足乳酸菌的发酵条件，控制非乳酸发酵时间和条件。青贮饲料封窖后，一般经过 35 ～ 45 天就完成发酵，之后可开窖取用。建议采用青贮取料机取用，保证切面的平整。

5. 青贮饲料品质的感观检测

（1）颜色

优良的青贮料颜色呈青绿或黄绿色，有光泽，近于原色。中等品质的青贮料颜色呈黄褐色或暗褐色。劣等品质青贮料呈黑色、褐色或墨绿色。

（2）气味

优良青贮料具有芳香酸味。中等品质青贮料香味淡或有刺鼻酸味。劣等青贮料为霉味、刺鼻腐臭味。

（3）质地与结构

优良青贮料柔软，易分离，湿润，紧密，茎叶花保持原状。中等品质青贮料柔软，水分多，茎叶花部分保持原状。劣等青贮料呈黏块，污泥状，无结构（表 2-4）。

表 2-4 全株青贮玉米感官评定标准

品质等级	颜色	气味	结构
优良	青绿色或黄绿色，有光泽，近于原色	芳香酒酸味，给人以舒适感	湿润、紧密，茎叶保持原状，容易分离
中等	黄褐色或暗褐色	有刺鼻酸味，香味淡	茎叶部分保持原状，柔软，水分稍多
低劣	黑色、褐色或暗黑绿色	有特殊刺鼻腐臭味或霉味	腐烂，污泥状，黏滑或干燥或黏结成块，无结构

（4）青贮含水量的鉴别

全株青贮适宜的含水量应为用手紧握不出水，放开手后青贮能够松散开来，不会形成块，结构松软，且握过青贮后手上很潮湿但不会有水珠，即该青贮含水量为 70% ～ 75%。

6. 青贮饲料制作成败的关键

（1）合适的含水量

一般制作青贮的原料水分含量应保持在 65% ～ 75%，低于或高于这个含水量，均不易青贮。水分高可加糠吸水，水分低加水。

（2）一定的糖分含量

一般要求原料含糖量不得低于 1% ～ 1.5%。

（3）时间要短

缩短青贮时间最有效的办法是快，一般青贮过程应在 3 天内完成。这样就要求快收、快运、快切、快装、快踏、快封。

（4）压实

在装窖时一定要将青贮料压实，尽量排出料内空气，尽可能地创造厌氧环境。在生产中经常忽视这点，应特别注意。

（5）密封

青贮容器不能漏水、漏气。

（二）全株青贮玉米的利用

玉米全株青贮时，封窖后 35 ～ 45 天即发酵成熟。全株青贮玉米的糖分、粗蛋白和维生素含量丰富，是很好的奶牛粗饲料。但它的粗纤维和矿物质含量不足，尤其是缺少粗纤维类的干物质，酸度高易发酵。在使用时应当充分利用其优点，避免它的自身不足给养殖户带来危害，而干草（谷草）、羊草能够补充它的不足。建议奶牛养殖户在饲喂全株青贮玉米时适当地添加一些干草或羊草，这样既能充分发挥全株青贮玉米的效益，又可避免因它自身的缺乏而可能给奶牛带来的危害，饲养出健康高产的奶牛来。

1. 全株玉米青贮使用注意事项

（1）严防渗漏

封窖 1 周后要经常检查，发现裂缝及时封好，严防雨水渗入和鼠害。

（2）不宜单喂

玉米全株青贮料虽然提高了单位能量的含量，但缺乏牲畜必须的赖氨酸、色氨酸，铜、铁，维生素 B_1 含量也不足，故应配合大豆饼粕类饲料或氨基酸添加剂等，以补充其所缺营养。另外，在饲喂时最好搭配部分干草，以减轻酸性对胃肠道的刺激。妊娠后期的母畜应尽量少喂或不喂。例如，一头体重 600 千克、产奶量 30 千克以上的奶牛，日粮中每日应掺加不少于 3 ～ 5 千克的干草，有条件的地方可再掺加 2 千克的豆科干草。饲喂量 10 ～ 13 千克，可在保持奶牛健康体况的前提下，最大地发挥出奶牛的产奶潜能。

（3）过渡或处理

由于青贮料酸度较大，瘤胃微生物需要一个适应过程，为了避免应激，要求在正式饲喂青贮料之前进行逐步过渡，可采用第 1 天喂 1/3 青贮料加 2/3 干草，第 2 天喂 1/2 青贮料加 1/2 干草，第 3 天喂 2/3 青贮料加 1/3 干草的方法。也可用 100 千克青贮料加 10% 浓度石灰水 4 ～ 5 千克或青贮料 180 千克加 0.5 千克小苏打来调节饲料的酸度。

（4）逐层取用

取用全株青贮玉米时，尽量减少青贮料与空气的接触，逐层取用，取后立即封严。

2. 全株玉米青贮饲料对奶牛的作用

全株玉米青贮对奶牛尤其是高产奶牛的健康和生产水平，具有十分重要的作用。

（1）提高奶牛生产水平

全株玉米青贮料营养丰富、气味芳香、消化率较高。用全株玉米青贮料饲喂奶牛，每头奶牛一年可增产鲜奶 500 千克以上，节省 1/5 的精饲料。

（2）提供奶牛优质稳定的饲料来源

全株玉米青贮饲料耐贮藏不易损坏，可以长期保持新鲜状态，是奶牛在冬春季节的良好多汁饲料。种植 2 ～ 3 亩地青贮玉米即可解决一头高产奶牛全年的青粗饲料供应，从根本上解决枯草季节饲草供应不足和饲草质量不高的问题，为奶牛的稳产高产提供物质保障。

二、技术特点

1. 全株青贮玉米特点

（1）产量高

每公顷青物质产量一般为 5 万～ 6 万千克，个别高产地块可达 8 万～ 10 万千克。在青贮饲料作物中，青贮玉米产量一般高于其他作物（北方地区）。

（2）营养丰富

每千克青贮玉米中，含粗蛋白质 20 克，其中可消化蛋白质 12.04 克，含粗脂肪 8 ～ 11 克，粗纤维 59 ～ 67 克，无氮浸出物 114 ～ 141 克。维生素含量也很丰富，是牲畜冬春缺青草季节维生素的主要来源。其中胡萝卜素11毫克，尼克酸10.4毫克，维生素C 75.7毫克，维生素A 18.4个国际单位。这些维生素的含量多数高于其他作物。微量元素含量也很丰富，尤其是钙7.8毫克／千克、铜9.4毫克／千克、钴11.7毫克／千克、锰25.1毫克／千克、锌110.4毫克／千克、铁227.1毫克／千克。这些都是牲畜必需的微量元素。

（3）适口性强

青贮玉米含糖量高，制成的优质青贮饲料，具有酸甜青香味，且酸度适中（pH值4.2），家畜习惯采食后，都很喜食。尤其反刍家畜中的牛和羊。

2. 调制全株玉米青贮的技术特点

（1）适时收割

专用玉米青贮的适宜收割期在蜡熟期，即籽粒剖面呈蜂蜡状，没有乳浆汁液，籽粒尚未变硬。此时收割，不仅茎叶水分充足（70%左右），而且也是单位面积土地上营养物质产量最高的时期。在生育期较短（120天以下）地区，也必须在降霜前收割完毕，防止霜冻后叶片枯黄，影响青贮质量。

（2）连续作业

收割、运输、切碎、装贮等环节要连续作业，青贮玉米柔嫩多汁，收割后必须及时切碎、装贮，否则营养物质将损失。最理想的方法是采用青贮联合收割机，收割、切碎、运输、装贮等项作业连续进行，即能调制出优质青贮饲料。

（3）窖装

采用砖、石、水泥结构的永久窖装贮。青贮玉米水分充足，营养丰富，为防止汁液流失，必须用永久窖装贮。如果用土窖装贮时，窖的四周要用塑料薄膜铺垫，绝不能使青贮饲料与土壤接触，防止霉变。

三、效益分析

1. 种植全株青贮玉米可以提高产量，增加收入

全株青贮玉米茎叶茂盛，植株高大，产量是一般玉米的2～3倍，刈割期提前15～20天，有可能多种半季作物，提高了土地利用率，同时，便于机械化生产，使种植和青贮加工成本降低。据山东曹县银香伟业集团实践证明，种植全株青贮玉米在充足水肥条件下，亩产量可达到6～10吨，即每亩的收入为840～1400元，扣除每亩费用240元，每亩纯收入达600～1160元，比种普通籽粒玉米每亩平均增收300元以上。

2. 种植全株青贮玉米提高了青贮质量

全株青贮玉米在青贮过程中，秸秆和籽粒同时青贮，能量浓度增加，营养价值提高。刈割期提前，玉米秸秆仍保持青绿多汁，避免了老化、纤维素化，适口性好、消化率高。因此，全株玉米青贮商业价值更高。

3. 种植全株青贮玉米可以提高劳动效率

秸秆青贮是玉米收获籽粒后再将剩余秸秆进行青贮，使用时再将青贮秸秆同籽实混合，误工费时，极不经济。而全株青贮一次制作、一次饲喂，经济省时。

4. 青贮玉米能够相对延长产业链条

种植全株青贮玉米相应的加工、青贮、销售、运输等环节使单纯的种植业向第二、第三次产业延伸。使玉米本身创造了更多的附加值，又创造了更多的就业机会，可以安置和吸纳更多的农村剩余劳动力转向二三产业。因此，推广青贮玉米是调整农村产业结构的一项重要手段。

四、案例

宁夏翔达牧业科技有限公司

位于宁夏回族自治区银川市金风区良田镇植物园，占地 600 亩，始建于 2009 年，总投资 1.5 亿元，设计存栏奶牛 6000 头，年产鲜奶 2.2 万吨，现存栏优质奶牛 2000 多头，成母牛存栏 1500 头。

该公司建成青贮池 3 万立方米，年调制贮存全株玉米青贮 2.2 万多吨，通过采用“全株玉米青贮 + 苜蓿 + 精料”等高效饲养模式和技术措施，实现了牛群优质、高产、高效生产。2011 年，泌乳牛 305 天产奶量达到 9166 千克，乳脂率 4.1%，乳蛋白 3.4%。在优质全株玉米青贮加工调制方面，做到了“干、短、实、快”。一是根据干物质含量把握玉米收割时间，在青贮收割季节，当干物质含量达到 32% ～ 34% 左右时开始收割，并且应用德国克拉斯收割机快速收割加工；二是青贮玉米切割长度面控制在 1 ～ 2 厘米，避免青贮饲料里滞留过多的空气，保证了青贮的品质；三是在青贮加工的过程中使用装载机、推土机碾压。压实后采用黑白膜封窖，白色面向外，黑色面向内，铺好膜后用轮胎压住；四是青贮制作速度快，集中在 7 天内制作完成，尽快填满压实封窖，缩短有氧发酵时间（图 2-21）。

图 2-21　宁夏翔达畜牧科技有限公司青贮的制作过程

第三章 生产管理技术

第一节 犊牛培育关键技术

一、主要技术内容

（一）犊牛的特点

犊牛与后备牛及泌乳牛在消化代谢生理方面有很大的不同，主要表现在以下方面。

1. 初乳获得的被动免疫

抗体不能在妊娠期间经母牛血液传递给胎儿，新生的犊牛免疫系统几乎没有功能，对各种疾病几乎没有抵抗能力，犊牛只有从初乳中获得被动免疫。犊牛在出生后第一天从初乳中吸收的抗体是未来 4 ～ 6 周唯一能够抵抗疾病的武器，及时饲喂充足高质量初乳是保证犊牛健康的关键。随着犊牛不断接触环境中的感染，来自初乳中的抗体不断被消耗，被动免疫系统逐渐失去功能。出生 4 ～ 6 周后，犊牛的主动免疫系统开始建立并具有保护功能（图 3-1）。

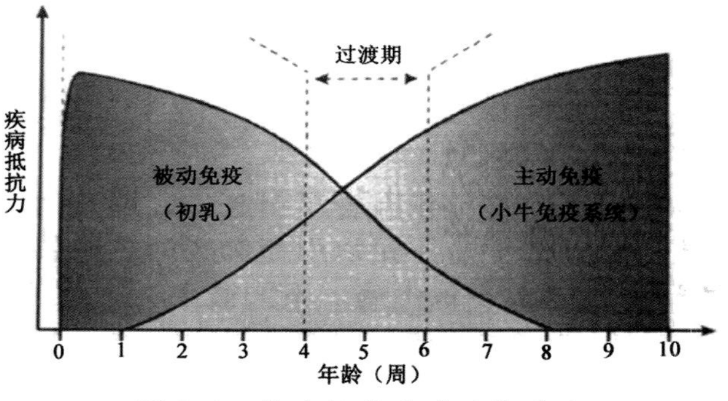

图 3-1 犊牛抵抗疾病防御系统

2. 哺乳期犊牛的营养主要依靠牛奶

犊牛出生后瘤胃还未发育，营养物质只能依靠液态的牛奶或者代乳品获得。随着瘤胃的逐渐发育，犊牛采食固体饲料的数量逐渐增加，犊牛的营养物质也逐渐从液态奶获得转变为从固体饲料获得。只有当犊牛采食精饲料数量达到体重的 1% 时，犊牛才能只依靠饲料就获得足够的营养，并保证其正常的生长发育，此时方可断奶。

初乳、牛奶或者代乳品只有通过闭合的食道沟直接进入皱胃（真胃、第四胃）才能保证初乳中免疫球蛋白的功能完整，保证牛奶或者代乳品中的营养价值；若进入瘤胃，不仅破坏免疫球蛋白的功能，降低牛奶的营养价值，还会引起犊牛腹泻。

食道沟是从贲门向下延续到皱胃的肌肉皱褶， 包括食道末端、肌肉皱褶本身和网瓣胃孔。食道沟反射即食道沟在一定条件下闭合，形成一条完整的管道，使得液体饲料直接从食道进入皱胃的过程。正常情况下，反刍动物成年后，食道沟反射消失。

食道沟只有在饲喂液体饲料时才闭合， 即引起食道沟反射的第一个条件是食物必须是液态的。当必须用唾液来帮助食物吞咽时，食道沟反射停止。这也意味着如果用代乳料替代牛奶，代乳料的成分必须可溶于水，饲喂时必须配制成液体。其次，犊牛只有在其饥饿时饮食液体食物食道沟才能闭合，如果是因口渴时饮食液体，或强制灌服液体（灌服驱虫药），无论这种液体是水还是奶食道沟都不闭合，液体直接进入瘤胃。

为了保证犊牛饮食的牛奶进入皱胃，一是要固定喂奶时间，使犊牛形成条件反射；二是如果饲喂代乳料，一定要配制成液体；三是不要同时饲喂固体饲料和奶，固体饲料只能与饮用水同时饲喂，避免饮奶动机（饥饿）和饮水动机（口渴）的混淆。

3. 瘤胃发育后犊牛才能采食更多饲料

初生时犊牛的瘤胃比皱胃还小。在采食固体饲料，尤其是精饲料后，在丙酸、丁酸等挥发性脂肪酸（VFA）的刺激下瘤胃迅速增大，8 周龄前相对增长最快， 12 周龄接近成年大小。皱胃绝对大小变化不大， 但相对大小逐渐减少。到了成年，瘤胃体积是皱胃的 10 倍左右（表 3-1）。

表 3-1　不同年龄各胃体积比例（%）

动物	年龄	瘤胃	网胃	瓣胃	真胃
牛	初生	25	5	10	60
	3 个月	65	5	10	20
	成年	80	5	7 ～ 8	7 ～ 8

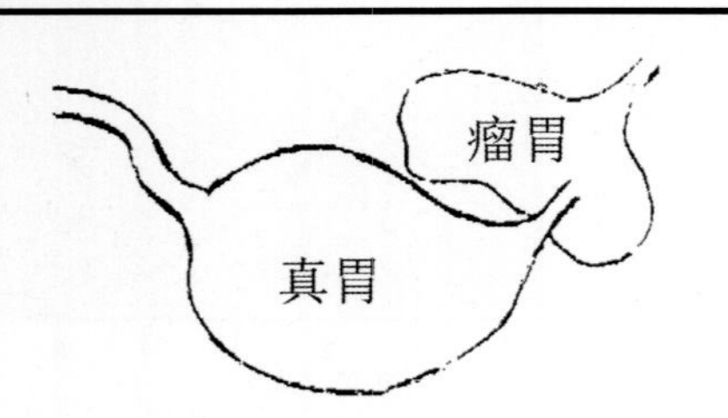

初生时：真胃 > 瘤胃

成年时：瘤胃为是真胃的 10 倍

图 3-2　奶牛瘤胃的发育

初生时，犊牛的瘤胃小于真胃，到了成年，瘤胃的体积是真胃的 10 倍以上（图 3-2）。瘤胃的发育速度是饲料在瘤胃发酵产生的挥发性脂肪酸（VFA）的函数，VFA 的产量越多对瘤胃的刺激越大，瘤胃发育越快。随着瘤胃的发育，犊牛采食更多的饲料，产生更多的 VFA，再进一步刺激瘤胃的发育。在 VFA 中，丙酸和丁酸对瘤胃的刺激作用比乙酸更大。如果不补饲饲料，瘤胃的发育基本停滞。新生犊牛瘤胃很小，只有采食精饲料才能产生更多的酸。若补饲粗饲料，采食数量有限，产生

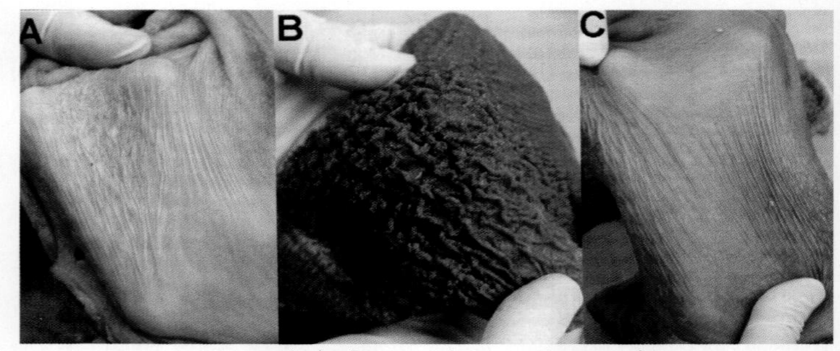

A：只采食牛奶，瘤胃几乎不发育
B：补饲精饲料，瘤胃发育良好
C：补饲干草，瘤胃发育很差

图 3-3　采食不同饲料对 6 周龄犊牛瘤胃发育的影响

的VFA也很少，瘤胃的发育也就受到限制。再者，精饲料产生的酸主要是丙酸，而粗饲料产生的主要是乙酸。因此对哺乳期犊牛瘤胃的发育来说，补饲精饲料要远远优于粗饲料（如图3-3）。

给犊牛补饲精饲料不仅是补充犊牛从牛奶中获得营养的不足，更为重要的是刺激瘤胃的发育，让犊牛能够尽快采食更多饲料，保证犊牛断奶后仍然保持正常的生长发育，减少断奶应激，避免断奶后因采食饲料不足造成的营养物质摄入不足，避免生长发育不良、殭牛的出现。如果及早补饲，瘤胃发育也早，补饲越充足，瘤胃发育也越快，犊牛也就可以及早断奶，从而减少牛奶的饲喂量，进而降低饲养成本。

（二）犊牛培育的目标

评价犊牛培育好坏的标准不止一条，达到以下的条件才能算犊牛的饲养管理成功。

1. 犊牛的死亡率控制在5%以下

犊牛出生时免疫系统不完全，只有依靠初乳获得被动免疫。4～6周后自身免疫系统才逐渐建立。犊牛很容易患各种疾病，如腹泻、肺炎等。饲喂不当、畜舍不卫生，管理不足会使犊牛患病率增加，死亡率升高。通常2月龄内犊牛的发病率和死亡率都高，随着年龄的增长死亡率逐渐降低。死亡率低于5%说明犊牛的饲养管理得当，可以增加盈利，加速畜群的遗传改良。死亡率高，难以保证有足够的后备牛更新泌乳母牛，或者出售的小牛数量将减少。

2. 犊牛的生长发育、体尺体重均达标

奶牛理想的饲养目标是母牛9～11月龄时体重达到成年母牛体重的40%，进入青春期，14～16月龄体重达成年体重的60%时配种，22～24月龄产头胎，产后体重达成年体重的80%～85%，或者分娩前几天妊娠母牛的体重为成年体重的85%～90%。如果饲养的荷斯坦奶牛成年体重为600千克，则进入青春期时的体重应为240千克，配种时的体重为360千克，头胎产后体重为480～510千克。

犊牛（6月龄以内的小牛）饲喂不足，增重小，即使后期采取补偿措施也远远不能完全弥补生长不足，对后备牛的生长、发育、性成熟、生殖力和泌乳能力都有永久性的副作用。12月龄以上的母牛可以采取补偿生长措施弥补某一阶段（2个月内）的饲喂不足，而在青春期前和妊娠最后3个月不应当采取补偿生长措施。犊牛饲喂不足，延长产头胎牛的时间，进而增加饲养成本。

犊牛饲喂过量和生长过快可能会对未来产奶量产生不利影响，同时增加优质精粗饲料的投入，可能会带来饲养成本的增加。哺乳期犊牛饲喂全奶并补饲精饲料，通常犊牛的日增重可达250～400克。断奶后的犊牛日增重应保持在600～900克之间，过低或者过高均可能造成不利影响。

（三）犊牛培育的关键技术措施

1. 建设舒适、合理的犊牛舍

（1）哺乳犊牛舍

犊牛出生后可以和母牛一起生活在产房中一段时间，但不宜提倡，更不能让犊牛直接

吃母乳，应建设专门的哺乳犊牛舍。哺乳犊牛舍应具备如下功能：哺乳犊牛应当单独关养，防止犊牛相互吸吮、舔舐；在避免穿堂风的前提下，要保证空气的流动，以减少呼吸道疾病的发生；创造干燥、清洁的舒适环境。建议采用下述几种较好的犊牛舍形式：

①犊牛岛：犊牛岛由箱式牛舍和围栏组成。箱式牛舍三面封闭，并加装可关闭的通风孔或窗，一面开放，犊牛可自由进出由围栏构成的独立式运动场。箱式牛舍内铺设垫草或者放置木板。犊牛岛可搬动更换位置，便于彻底消毒。箱式牛舍尺寸宽为 100 ～ 120 厘米，长 220 ～ 240 厘米，高 120 ～ 140 厘米，围栏面积不低于 2.2 平方米。犊牛岛应放置在干燥、排水良好的地方，相距一定距离，确保相邻犊牛不能相互舔舐。在热带地区和炎热夏季，犊牛岛可放置在树下或遮阳处，或者搭建遮阳棚。

②隔离式犊牛舍：可以是单列，也可双列。若是单列可以依托一面墙建设，紧接墙面做一单斜坡屋顶，屋顶投影宽度为 2.5 米，并设接水槽。斜坡屋顶下建设隔离式犊牛栏。首先用砖或者其他材料隔成宽 120 厘米，高 140 厘米，长 240 厘米的隔离牛栏，紧接外侧设置钢筋围栏，围栏面积不低于 2.2 平方米，相邻两个牛栏的围栏是独立的，并相隔 20 厘米以上。双列式隔离犊牛舍牛栏结构与单列式相同，只需增加一条 3 ～ 4 米宽的饲喂走道（图 3-4 至图 3-6）。隔离式牛舍的建设要特别注意风向，必要时可以增加挡风设施，以避免穿堂风的形成。最好分区管理，每一个小区采取全进全出，并在进犊牛前有一段闲置时间，进牛前要彻底消毒。

哺乳犊牛舍要加强管理，每次进犊牛时要对畜舍、可能接触到的设施设备彻底消毒。要及时清扫，勤换垫草，确保犊牛舍清洁、干燥。

（2）断奶犊牛舍

犊牛断奶后相互吸吮、舔舐的习惯逐渐减少，断奶犊牛可以分组饲养。将单独饲养了一段时间的犊牛圈养在一起会引起应激反应，他们不仅要相互学习适应，还

图 3-4　犊牛岛饲养哺乳犊牛

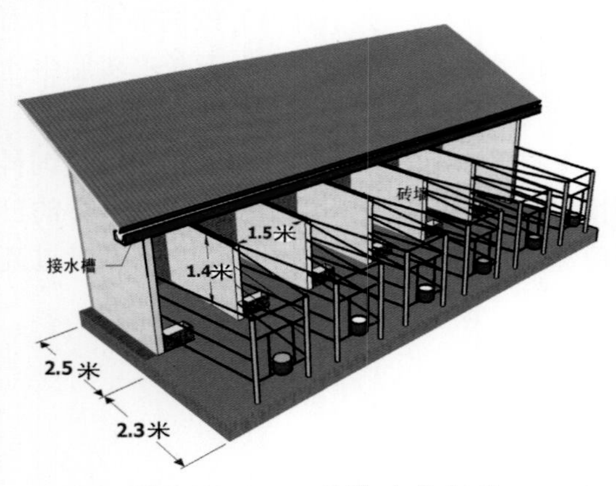

图 3-5　以一面墙为依托修建单列式隔离哺乳犊牛舍

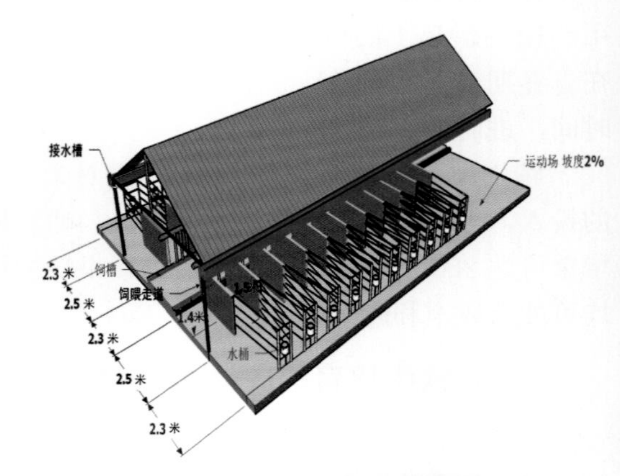

图 3-6　双列式隔离哺乳犊牛舍

必须掌握竞争饮水和采食的能力。因此断奶后的犊牛舍与哺乳犊牛舍基本相似，只不过是将 4 ～ 6 头体型大小接近的犊牛饲养在一起。

断奶犊牛舍每头犊牛至少要有1.5～2.2平方米的活动空间，每个畜栏的面积为6～12平方米。畜栏可以排式排列布局在具有屋顶的畜舍内，可以是单列式，也可是双列式，畜舍可根据当地气候特点为开放式、半开放式或者封闭式，总的要求是通风良好，又不形成穿堂风。畜栏地面不应该是通常的具有一定坡度的水泥地面，而应该是铺设干净、干燥的垫料，如细沙、稻草等。

2. 及时饲喂足量的初乳

初乳就是母牛分娩后第一天挤出的浓稠、奶油状、黄色的牛奶，随后 4 天挤出的牛奶逐渐接近正常奶，称为过渡奶。

初乳含有丰富的免疫球蛋白，是 4 ～ 6 周龄内犊牛获得抵抗疾病能力的主要途径。与过渡奶和常奶相比，初乳中的脂肪、蛋白、矿物质和维生素含量更高，这对新生犊牛来说是非常重要的。

（1）及时饲喂初乳

初乳中的抗体可以通过肠壁完整吸收到血液中，进而消灭进入血液中的微生物和其他抗原，如毒素等。犊牛刚出生时，对抗体的吸收率可达 20%（6% ～ 45%），几个小时后，对抗体的吸收率急剧下降（图 3-7），而小肠的消化能力增强。24 小时后犊牛不再具有吸收抗体的能力，称为小肠关闭。如果犊牛出生后 12 小时之内没有饲喂初乳就很难获得足够的抗体抵抗微生物的感染。

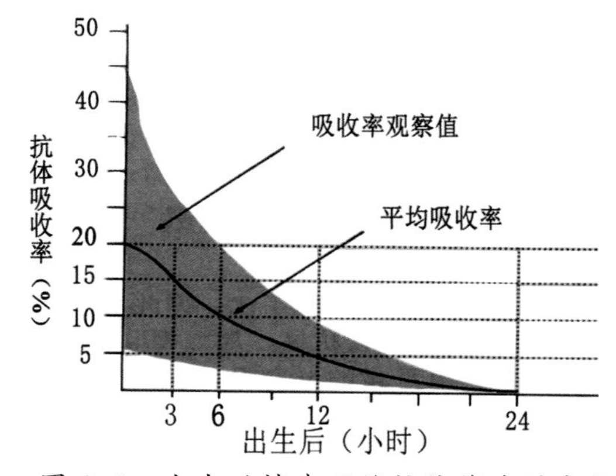

图 3-7 出生后犊牛吸收抗体能力的变化

综上所述，及早饲喂初乳是培育犊牛的关键。犊牛出生后一恢复正常呼吸（一般 1 小时内）就可立即饲喂初乳，出生后 6 ～ 9 小时再次饲喂初乳。如果延误第一次饲喂初乳时间，在 24 小时内要增加饲喂初乳的次数才能保证犊牛获得足够的抗体。

（2）饲喂优质的初乳

初乳中的抗体含量与初乳中的干物质比例呈正比，奶油状、浓稠的初乳富含抗体，而稀薄如水样的初乳抗体含量低。经产母牛初乳的抗体含量比头胎牛的要高，同时由于经产母牛生活时间长，接触免疫源广，其所含抗体种类多，抗病能力较广。

为了保证每头新生犊牛都能获得足够的优质初乳，可以将本饲养场成年母牛生产的额外初乳冷冻保存以便饲喂出现下列情况的新生犊牛：

①分娩母牛的初乳稀薄如水样，或者含有血。

②分娩母牛患有乳房炎。

③分娩母牛在产前刚刚挤过奶或者产前发生严重的乳遗漏。

④分娩母牛是刚刚从其他地区购入的或者分娩母牛是头胎产仔的小母牛。

高质量的初乳可以在冰箱中冷藏几天，或冷冻保存1年左右。冷冻保存的初乳应按每次的饲喂量分装，每单位1.5～2.0千克，以便解冻饲喂，每单位正好饲喂一次。

（3）科学饲喂足量初乳

每次饲喂初乳量为犊牛出生重的4%～5%，如初生重40千克的犊牛每次饲喂2千克。24小时内必须饲喂3～4次初乳。出生后1小时内饲喂第一次，出生后6～9小时饲喂第二次。若饲喂初乳延迟，或者每次饲喂量不足，应适当增加饲喂次数。

初乳应加热到39℃才能饲喂，可以采用水浴锅来解冻、加热初乳。使用带奶嘴的奶瓶饲喂初乳容易控制饲喂量，也容易调教犊牛。每次饲喂后奶瓶和所有用具都必须彻底清洗干净，并尽可能实行定期消毒，以最大限度地减少细菌的生长和病原菌的传播。有些体弱不能吸吮初乳的犊牛可以在兽医的指导下采用食道管强饲，强饲使用的用具和器皿必须进行适当消毒处理。

3. 哺乳犊牛的饲喂技术

（1）哺乳犊牛需单栏饲喂，避免相互吸吮、舔舐

哺乳犊牛吃奶后喜欢相互吸吮、舔舐，这不仅会造成腹泻等疾病的传播，还会造成奶头、脐带的发炎，舔舐被毛进入消化道后还会造成瓣胃的堵塞，严重影响犊牛的采食和生长发育。

（2）饲喂定量牛奶

犊牛出生第一天饲喂初乳，然后饲喂过渡奶。接下来几周应当饲喂全奶或者营养价值高的代乳品。这一阶段以饲喂液态食物为主，以保证犊牛健康生长，使犊牛获得足够的骨骼发育。

每天的喂奶量为出生体重的8%～10%，在断奶之前应当一直按这一标准饲喂。虽然随着犊牛的生长，营养物质的需求量逐渐增加，但限制牛奶的喂量可以促进犊牛及早采食足够的精饲料，来补充牛奶营养供给的不足。饲喂量低于此水平可能影响犊牛的生长发育，饲喂量过多不仅增加饲养成本，影响补饲精料的采食，还有可能引起犊牛腹泻，未必会获得更大的增长速度。这一时期，犊牛的健康比快速生长更为重要。可以采用奶瓶或者奶桶给犊牛饲喂牛奶。奶桶较奶瓶易于清洗，但用奶桶饲喂刚开始犊牛可能不习惯。可以用手指沾一些牛奶引导、训练犊牛头朝下吸吮牛奶。用奶嘴头朝上饲喂更趋于自然，可以有效减慢吮奶速度，进而减少腹泻的发生。采用奶瓶饲喂总的饲喂效果要比用奶桶饲喂好。

犊牛出生后的头2～3周，牛奶须加热到犊牛体温（39℃）后才能饲喂，对稍大一些的犊牛，牛奶温度可以稍低一些（25～30℃）。可以将初乳、过渡奶发酵后饲喂犊牛。初乳和过渡奶营养价值高，不应随便丢弃。可以将其储存于低于21℃的室温下发酵，发酵后的牛奶可以在低温下保存几周。如果室温过高不能使牛奶正常发酵可以每千克牛奶加入10毫升丙酸或者乙酸－丙酸溶液后，装入容器发酵奶。应当用塑料容器，而不是金属容器贮存发酵牛奶。

发酵牛奶中的酸对小牛无害，但口感较差，可以加入一些碳酸氢钠（小苏打）中和，促进犊牛进食。将3份用初乳和过渡奶发酵的牛奶加1份温水搅拌混合后再饲喂犊牛，其干物质含量与产奶接近。如果只是初乳发酵的牛奶，饲喂时需按1:1的比例加入温水方可饲喂。必须尽快消耗发酵牛奶，经发酵后的牛奶应当3～4周喂完。出生6天内的犊牛不要饲喂发酵奶，应直接饲喂新鲜的过渡奶。鲜奶比发酵奶味道要好。犊牛出生 6 天后可以用代乳品饲喂。1 份代乳品用 7 份温水溶解后饲喂。加水过多会影响营养物质吸收并使生长速度减慢，过少可能引起腹泻。

牛奶中的真正成分如脱脂奶粉、乳清蛋白粉等是制作代乳品的理想原料，浓缩的鱼粉蛋白、大豆蛋白也可以作为代乳品的原料，但鱼粉、大豆粉、单细胞蛋白、发酵副产物等均不宜用来制作代乳品。由于犊牛 4 周龄后才能完全消化淀粉，4 周龄以下的犊牛采食含淀粉的代乳料可能造成严重腹泻。所有存奶、喂奶的设备、容器必须及时彻底清洗，必要时还需消毒。

(3) 尽可能及早饲喂精料补充料

出生 4 ～ 7 天就可开始诱导犊牛采食精料。诱导犊牛采食精料的方法有：将精料与糖蜜、糖浆、牛奶等口感好食物混合饲喂；喂完牛奶后直接抓起一把精料放在桶中或者在手上让犊牛舔舐，或者将精料黏附在奶嘴上，或者直接塞入嘴中促使犊牛采食；保持精料的新鲜度；少量多次添加精料，并让犊牛随时可以得到清洁的饮水。

犊牛精料补充料主要由谷物组成，配合一定数量的蛋白质饲料，并要添加矿物质和维生素添加剂。犊牛精料补充料的粗蛋白含量应当达 18%，中性洗涤纤维（NDF）的含量不低于 25%。犊牛精料补充料可以压制成颗粒，方便饲喂和犊牛的消化。如果将谷物通过蒸汽加热淀粉变性后压片，其余饲料压制成颗粒后再混合饲喂犊牛效果更佳。如果饲喂粉料，最好将谷物蒸煮，或者加入开水搅拌后再与其他饲料混合拌潮后饲喂。随着精料采食的增加，瘤胃体积也随之增加，精料补充料的采食量也随之增加。通常 2 周龄内每头每天的采食量仅有 50 克左右，到 3 周龄可接近 100 克，4 周龄接近 200 克，6 周龄可超过 400 克，8 周龄可达 1 千克左右。哺乳犊牛期间，一般不提倡补饲干草等粗饲料，补饲稻草等低质粗饲料就更不应该。

(4) 断奶

当犊牛每天能够采食体重 1% 的精料补充料时，可考虑给犊牛断奶。大多数犊牛可在 6 ～ 8 周龄断奶。在断奶前一周，犊牛饲喂牛奶的次数减少到一天一次。如果犊牛采食精料不足，即使到了预定的断奶时间也要适当延期断奶。对于生长缓慢、体弱的犊牛需要延长断奶时间。如果犊牛断奶后不能保证提供优质粗饲料和足够数量的优质精料补充料，可考虑推迟断奶。犊牛及时断奶采食固体饲料，可降低饲养成本，同时也可提高犊牛的生长速度。

4. 断奶犊牛的饲养管理

犊牛断奶后应该仍然延用哺乳期使用的犊牛精料补充料，一直到 4 月龄左右，以尽可能降低断奶应激，并保证犊牛生长速度。4 月龄后犊牛精料可以更换为含 16% 粗蛋白的补充料。更换饲料要有 1 周的过渡期。犊牛精料补充料中应该考虑使用优质蛋白质饲料，特别是降解率较低的蛋白质饲料，不应该在犊牛料中添加尿素。

犊牛断奶后应该补饲优质粗饲料，如全株玉米青贮、优质干草等，以提高整个日粮的采食量，促进犊牛消化系统、体型的发育，为未来充分产奶奠定基础，同时可以降低精料的采食量，饲养成本也可能随之下降。饲喂稻草、玉米秸青贮等低质粗饲料可能导致采食不足，消化系统和体格发育不充分，同时为维持理想的生长速度，而饲喂过多精料，饲养成本不一定会减少，可能还会引起瘤胃酸中毒等情况的发生。

二、技术特点

（一）采用犊牛岛或者隔离式犊牛舍

传统上对犊牛的培育往往过分强调保温，而把犊牛饲养在封闭式的牛舍内，这会大幅度增加呼吸道疾病的发病率，不利于提高犊牛的抵抗力。此外，许多牛场对哺乳犊牛会采用散养的饲养方式，犊牛哺乳后经常会发生舔舐、吸吮等，造成疾病的传播，被吸吮部位发炎，相互舔舐造成被毛脱落等。在奶牛业发达国家或者现代化奶牛场普遍采用放置在室外的犊牛岛，或者开放式、半开放式的隔离式牛舍，可以有效防止上述问题的发生。

（二）及早饲喂足量优质初乳

传统上往往将产后 5 ～ 7 天内母牛所产的奶均称为初乳，本技术明确提出初乳只是产后第一天所产的奶，其他时间所产奶免疫球蛋白含量明显下降。应该采取冷藏或者冷冻的方法将优质初乳保存下来供其他犊牛使用。只有及早饲喂充足的优质初乳才能让犊牛在未来 4 ～ 6 周龄内获得足够免疫力。

（三）在哺乳期饲喂等量牛奶或者代乳料

传统上牛奶的饲喂量随犊牛体重的增加而增加，随后随固体饲料采食量的增加牛奶的饲喂量又降低，2 个月断奶后牛奶的饲喂量总量为 300 千克。本技术提出哺乳期每头每天牛奶的饲喂量为初生体重的 8% ～ 10%，固定不变，每天只饲喂两次，而从 7 天开始就补饲精饲料。这样既可方便饲喂，又可促进犊牛对精饲料的采食，实现及早断奶。每头犊牛哺乳期牛奶的饲喂量也可低于 300 千克。

（四）犊牛哺乳期补饲精饲料

刺激瘤胃发育的主要因素是瘤胃发酵所产生的挥发性脂肪酸，尤其是丙酸和丁酸。哺乳期犊牛瘤胃很小，采食干草的量非常有限，而且产生的酸主要是乙酸，对瘤胃发育的刺激远远低于精饲料。要实现及早断奶，减少牛奶的饲喂量，本技术提出哺乳期间犊牛只补饲精料补充料，不宜补饲干草，尤其是秸秆类饲料。

三、效益分析

采用犊牛岛或者隔离式犊牛舍饲养哺乳犊牛可有效防止犊牛的相互舔舐、吸吮，避免疾病的传播，防止犊牛因舔舐被毛造成消化道的堵塞。

及早补饲优质初乳可以明显提高犊牛的成活率，降低发病率。

定量饲喂牛奶或者代乳粉，并及早补饲优质精料补充料可实现犊牛的早期断奶，减少牛奶的饲喂量，降低犊牛饲养成本。

四、案例

喂充足的初乳可以明显降低犊牛的发病率和死亡率

如表 3-2 所示，通过某一牛场多年的统计分析表明，未采食初乳的犊牛发病率高达 50%，死亡率超过 5% 达到 7.4%。而饲喂充足初乳的犊牛发病率和死亡率仅分别为 21.1% 和 1.3%。饲喂初乳不足犊牛的发病率和死亡率高于饲喂初乳充足的犊牛，但明显低于未饲喂初乳的犊牛。

表 3-2 初乳对犊牛发病率和死亡率的影响

初乳采食情况	犊牛发病率（%）	犊牛死亡率（%）
未采食初乳	50.0	7.4
采食初乳不足	29.2	2.8
采食足够初乳	21.1	1.3

第二节 犊牛数字化自动饲喂技术

犊牛的数字化自动饲喂技术就是重点推广的技术之一（图 3-8、图 3-9），其要点是使犊牛还原到自然哺乳状态，把犊牛的饲养变得轻松、可控，是犊牛健康饲养模式的一次革命。

图 3-8 犊牛数字化自动饲喂机

图 3-9 犊牛数字化自动饲喂机

一、主要技术内容

（一）犊牛饲养中的主要问题及根源

1. 生长缓慢，断奶体重不达标

主要原因是犊牛饲养方式粗放，精细化管理不足。犊牛在哺乳期每天的哺乳量是不同

的，传统的犊牛饲喂方式多是根据经验或估测来饲喂，缺少科学的精准计量，其结果是造成了犊牛岛上犊牛的饥饱不均，不仅严重地影响了犊牛的生长发育，而且还造成了不必要的资源浪费。

2. 疾病呈季节性发生，犊牛死亡率高

在传统的饲养模式下，犊牛由于不能自由哺乳，造成自身抵抗力较差，免疫力较低，很容易受到病原的侵袭。而开放式的奶桶饲喂模式，受气候的影响大，冬天不能保证适合的奶温，夏天奶桶则成了蚊蝇的天堂，饮奶卫生条件差。据统计，每年在哺乳期死亡的犊牛约占整个牛群的 2% ～ 5%，造成的损失非常大。

3. 管理水平差，标准化流程执行难

犊牛标准化饲养规程的执行，关键在饲养的可控性。近几年，随着人力成本的不断增长，部分牛场放松了对技术人员的引用和培养，致使标准化饲养规程大多停留在纸面上，难以落实到实践中。甚至连已经推广多年的犊牛哺乳期和不同环境下的哺乳曲线也没有了更新，更遑论科学的饲养管理水平。

分析以上问题，除了哺乳期犊牛生理发育快、抵抗力弱、对环境适应性差等原因外，更重要的因素在于饲养人员的技术水平和责任心上。即使责任心很强的饲养员对饮奶时间、数量、温度等指标的把握也是来自经验的积累，偶尔的情绪波动或工作懈怠就可能造成犊牛的病患和夭折。因此，依靠传统的犊牛饲养方式不能满足犊牛自由采食的天性，不能严格按照犊牛的哺乳曲线做到精准饲喂，也无法做到对奶温奶量的严格控制，更谈不上利用当前的数字化管理及时发现犊牛的异常。

（二）犊牛数字化自动饲喂技术

1. 自动化定量控制喂奶程序

全自动机器“牛妈妈”U20 为集成饲喂站点紧凑型饲喂机，抗冻性强，所有软管及线路均在不锈钢壳体内。带加热器的搅拌罐保证了牛奶的新鲜及温度。所有 Urban 犊牛饲喂机都配有一个交替采用酸性和碱性洗涤剂的自动搅拌罐清洗装置。一个不锈钢牛奶换热器参与整个喂奶过程，该装置带有一个全自动清洗系统，而该系统则标配内置洗涤剂（酸 / 碱）。

移动式奶头（图 3-10）在检测到犊牛靠近后自动打开供犊牛吸吮，犊牛喝完设定量的牛奶后自动关闭等待下一头犊牛，避免了犊牛在饲喂站长时间逗留。饲喂机可对奶头进行内部及外部清洗、消毒，也可设定每次犊牛吸吮后进行清洗，保证饲喂环境的清洁，避免了蚊蝇污染。

图 3-10　移动式奶头

2. 数字化动态监控饲喂过程

每只犊牛都有其独特的饮奶速度。Urban 犊牛饲喂机可以记录并储存每只犊牛的这种特点。当一只犊牛的饮奶速度偏离其正常值一定量时，机器就会发出警报。这有助于明显降低误发警报的数量。动态监控犊牛饲喂过程，可及时提醒牧场主观察犊牛生长情况。一个饲喂控制中心可以控制多台饲喂机，可与计算机连接传输、记录、分析数据。搅拌碗配置了液位计，可精确测量犊牛未喝完的牛奶量，这样用户可以立即了解犊牛的饲喂情况。

3. “机器牛妈妈”的运行原理

Calfmom U40 自动犊牛饲喂机是为较大规模牛场开发的顶级机型。它是唯一采用闭合回路技术的机型。由于采用了闭合回路技术，吸管、搅拌罐和整个牛奶换热器等可以完全自动清洗。“闭合回路”的意思是可以源源不断地从奶嘴引入温度适宜的牛奶。这也就意味着不再需要其他手动喂奶辅助设备了。U40 机型也可以把药水直接注入吸入管线。这种饲喂机可以为两个饲喂站点［最多 60（2×30）只牛犊］提供牛奶。

图 3-11　不锈钢机身部件

（1）标配搅拌罐加热装置

所有 Urban 搅拌罐都配有一个加热系统（基本版机型也有此配置）。在 U40 顶级机型上，搅拌罐连同饲喂用的牛奶都通过一个水浴加热器保持在适宜的温度。这就意味着搅拌罐的温度是恒定的。如果无法达到所需的准确温度，就会影响奶粉的溶解。

（2）标配不锈钢材质

Urban 电脑控制犊牛饲喂机中的所有金属件都用不锈钢材料制成。采用不锈钢材料使设备在恶劣的环境下万无一失。这样，设备清洗更加简便，使用寿命也更长。在饲喂站点中采用不锈钢零件是特别重要的。因为这些零件埋在犊牛排泄物下，非常容易受到腐蚀。（图 3-11）

（3）对剩余奶量的精确称量

所有 Urban 犊牛饲喂机都可以称量犊牛未喝完剩奶的准确数量。这就意味着饲养员立刻可以知道一只犊牛到底有多少奶没有喝完。其他类型的饲喂器系统只能测出牛奶容器是空的还是满的。

二、技术特点

（一）全天候自由哺乳，还原犊牛自然天性

现在流行的犊牛岛隔离分次饲喂模式，是我们为了方便饲喂和观察，减少交叉感染而采取的一种办法，并不是自然状态下犊牛的天性。所以一定程度上限制了犊牛的自然天性，对犊牛会造成应激，影响犊牛机体各系统的渐进性发育。全自动机器“牛妈妈”可做到随时饲喂新鲜、温热、适量的牛奶，使犊牛回归自然哺乳状态，对犊牛消化系统和免疫系统

的发育非常有利。

（二）根据牧场设定的犊牛哺乳断奶方案，精准饲喂

犊牛在整个哺乳期各个阶段所需的奶量是不同的，牧场在不同的季节对犊牛的断奶方案也是不一样的，比如，北方在冬季会延长哺乳期或加大哺乳量。全自动机器“牛妈妈”可由我们自己根据牛场的实际情况设定断奶方案，由机器准确无误的自动实施，做到犊牛数字化精准饲喂的目标。

（三）代乳粉每牛一冲、水浴保温，使奶更新鲜，且奶温、奶量完全可控

使用代乳粉的牧场会更加方便，每天最多只需为机器添加一次代乳粉，自动饲喂机会在犊牛接触机器的几秒钟内完成代乳粉的即时冲泡搅匀，使犊牛喝到最新鲜可口的乳汁。

（四）数字化管理，犊牛健康状况异常时及时准确的预警

犊牛的数字化管理一直是牧场数字化管理的“盲点”，机器“牛妈妈”能自动识别、记录每头犊牛的饮奶量和饮奶速度，当犊牛的饮奶量偏离正常值或饮奶速度偏离犊牛自身参数时，机器会自动报警。若选配犊牛自动称重系统，那会做到对犊牛的整个发育过程立体监控。

（五）结构紧凑（表 3-3）

表 3-3 饲喂机及饲喂站点规格尺寸

产品名称	U20 饲喂机	U40 饲喂机	饲喂站点
长度（毫米）	500	510	1220
宽度（毫米）	500	755	500
高度（毫米）	950	1140	1090

三、效益分析

（一）降低了犊牛岛建设成本及犊牛饲养管理成本

千头牧场，一般会建 60 个犊牛栏，所需成本 60000 元；配备 3 ～ 4 名饲养员，每年工资 100000 元。配备机器“牛妈妈”，60 头犊牛，设备及牛栏成本 160000 元；只需配备一名饲养员兼清粪工作每年工资 30000 元。按使用 10 年计算，可节省建设和人工成本 600000 元。

（二）降低犊牛死亡率，提高犊牛培育效率

千头牧场，每年自然生育母犊 350 头，当前传统犊牛饲养模式下哺乳期犊牛死亡率为 3%；采用犊牛数字化自动饲喂技术后犊牛死亡率在 1% 以下，每年牧场少损失犊牛 7 ～ 10 头，约 30000 元。

四、案例

德国 Urban 公司是世界上专业研发生产犊牛饲喂机器的制造厂家，公司自 1984 年起就致力于犊牛牛奶饲喂搅拌机、集中式饲喂机、计算机控制牛犊喂饲机和针对犊牛的饲养系统的开发和生产。司达特（北京）畜牧设备有限公司成功的在中国北方的高寒地区推广了这种设备。采用犊牛自动饲喂模式在室外环境下饲养犊牛，可以使犊牛饲养变得更轻松、更自然。这样，牛犊死亡率将会大幅下降，并可以使牛犊健康成长，提高牧场效益。

第三节 后备牛（23～25月龄）培育技术

一、主要技术内容

（一）犊牛的科学管理

犊牛出生后 0.5 ～ 1 小时哺喂初奶，首次喂量达 3 千克以上，并在出生后 6 小时左右饲喂第 2 次，以便让犊牛在出生后 12 小时内获得足够的抗体。初奶饲喂 3 天后，逐渐转喂常奶，犊牛出生后 1 周，开始训练采食混合精料，10 天左右训练采食干草，一般犊牛在 6 ～ 8 周龄，每天采食相当于其体重 1% 的犊牛料（700 ～ 800 克）时即可进行断奶，但对于体格较小或体弱的犊牛应适当延期进行断奶。犊牛断奶后继续饲喂断奶前的犊牛料，并且质量保持不变。当犊牛每日能采食约 1.5 千克犊牛料时（约为 3 ～ 4 月龄），可改为育成牛料。可参照本章“犊牛培育关键技术”。

（二）育成牛的饲养管理

这一时期，育成牛的瘤胃机能已非常完善，生长发育快，抗病能力强，是奶牛体型发育和繁育能力形成的关键时期。在营养构成上，粗饲料以优质羊草、苜蓿为好，断奶至 6 月龄日粮一般按 1.8 ～ 2.2 千克优质干草，1.4 ～ 1.8 千克混合精料进行配制，此阶段的日增重要求达 760 克左右。7 ～ 14 月龄育成牛的瘤胃机能已相当完善，可让育成牛自由采食优质粗饲料如牧草、干草、青贮等，但玉米青贮由于含有较高能量，要限量饲喂，以防过量采食导致肥胖。精料一般根据粗料的质量进行酌情补充，若为优质粗料，精料的喂量仅需 0.5 ～ 1.5 千克即可，如果粗料质量一般，精料的喂量则需 1.5 ～ 2.5 千克，并根据粗料质量确定精料的蛋白质和能量含量，使育成牛的平均日增重达 700 ～ 800 克。

（三）青年牛的配种和饲养管理

14 ～ 16 月龄体重达 360 ～ 380 千克进行配种。育成牛配种后一般仍按配种前日粮进行饲养。当育成牛怀孕至分娩前 3 个月，由于胚胎的迅速发育以及育成牛自身的生长，需要额外增加 0.5 ～ 1.0 千克的精料。如果在这一阶段营养不足，将影响育成牛的体格以及胚胎的发育，但营养过于丰富，将导致过肥，引起难产、产后综合征等。

（四）分娩前的饲养管理

由于胚胎的迅速发育，这一阶段必须保持足够的营养，精料每日喂给 3.0 ～ 4.0 千克，并逐渐增加精料喂量，以适应产后高精料的日粮，但食盐和矿物质的喂量应进行控制，以防乳房水肿。同时，玉米青贮和苜蓿也要限量饲喂。

二、技术特点

1. 采食饲料

提早培训犊牛采食植物性饲料，促进瘤网胃的发育。

2. 配置日粮

按各阶段后备牛生长发育特点和营养需求配制日粮，以满足不同阶段后备牛的营养和生理需求。

3. 分阶段称重

以保证各阶段后备牛达到理想体重。

4. 体况评定

分阶段进行后备牛体况评定，防止后备牛脂肪沉积过多，影响乳腺发育和分娩。

5. 注重体高发育

目前，国外研究认为，荷斯坦后备母牛的体高对初次产奶量的影响大于体重。Hoffman(1997) 认为荷斯坦后备母牛产前的最佳体高是 138 ～ 141 厘米。

6. 注重后备牛妊娠期饲养管理

青年母牛产第一胎时的体重与第一泌乳期产奶量在一定范围呈正相关，Everett(1986) 认为荷斯坦后备牛首次产犊最佳体重为 590 ～ 635 千克，而 Hoffman 等 (1992) 研究表明，产奶量超过 10000 千克的高产奶牛首次产犊最佳体重为 616 千克，24 月龄初产母牛的体重从 515 千克增加到 616 千克，产奶量从 7311 千克提高到 10024 千克。

三、效益分析

后备母牛的培育在鲜奶生产总成本中所占的比例仅次于饲料，位居第二。据美国报道，一头后备母牛从出生到 24 月龄产犊需费用为 1100 ～ 1300 美元，大约占鲜奶总成本的 15% ～ 20%。如若初次产犊年龄超过 24 月龄，每延迟一个月，生产费用增加 55 ～ 65 美元。

四、案例

目前，国内许多规模奶牛场已逐渐采用 23 ～ 25 月龄产犊技术，并产生显著成效（图 3-12、图 3-13）。

图 3-12 宁夏上陵集团翔达牧业科技有限公司 2 月龄断奶犊牛（体重约 80 千克）

图 3-13 宁夏上陵集团翔达牧业科技有限公司 13 月龄体重达 360 千克 青年母牛

第四节 成年母牛饲养关键技术

一、主要技术内容

（一）围产期饲养管理

1. 围产前期（产前三周）的饲养管理

产犊前奶牛食欲会降低，最后一周采食量有时会低于正常 35%（干物质采食量减少 3 ～ 4 千克），而此时由于胎儿的生长和乳腺的发育，营养需要迅速增加。

（1）营养

应提高日粮营养水平，以保证奶牛的营养需要。日粮粗蛋白含量一般较干奶前期提高 25%，并从分娩前 2 周开始，逐渐增加精料喂量至母牛体重的 1%，以便调整微生物区系，适应产后高精料的日粮。同时，供给适量的优质饲草，以增进奶牛对粗饲料的食欲。

（2）管理

在产前 3 周，要求将妊娠牛转移至一个清洁、干燥的环境饲养，以防乳房炎等疾病的发生，此阶段可以用泌乳牛的日粮进行饲养，精料每日喂给 3 ～ 4 千克，并逐渐增加精料喂量，以适应产后高精料的日粮，但食盐和矿物质的喂量应进行控制，以防乳房水肿，并注意在产前两周降低日粮含钙量，以防产后瘫痪。

2. 围产后期（产后两周）的饲养管理

奶牛生产后，食欲尚未恢复正常，消化机能脆弱；乳房水肿，繁殖器官正在恢复；乳腺及循环系统的机能还不正常。

（1）营养

初产奶牛日粮的营养水平应该介于干奶后期和高产奶牛日粮之间（每个日粮的营养水平的增加不超过前一日粮的 10%）；维持一定数量的粗纤维，避免高淀粉导致奶牛停止采食；饲喂 2 ～ 3 千克高质量的长牧草以保证正常的瘤胃功能；提高日粮的营养浓度以补偿低采食量造成的营养缺乏；日粮中添加缓冲剂以调节瘤胃 pH 值；饲喂 12 克尼克酸以预防酮病。

（2）管理

由于奶牛分娩后体力消耗过大，分娩后应使其安静休息，并饮喂温热麸皮盐钙汤 10 ～ 20 千克（麸皮 500 ～ 1000 克，食盐 50 ～ 100 克，碳酸钙 50 克，水 10 ～ 20 千克），以利于其恢复体力和胎衣排出。

应防止产褥疾病，加强外阴部消毒；环境要保持清洁、干燥；加强对胎衣、恶露排出的观察。暑季注意防暑降温，灭蚊蝇，冬季要保温、换气。牛只产后 10 天要注意监测体温，每天定时测量体温、观察精神状态，发现问题按如下程序处理（图 3-14）：

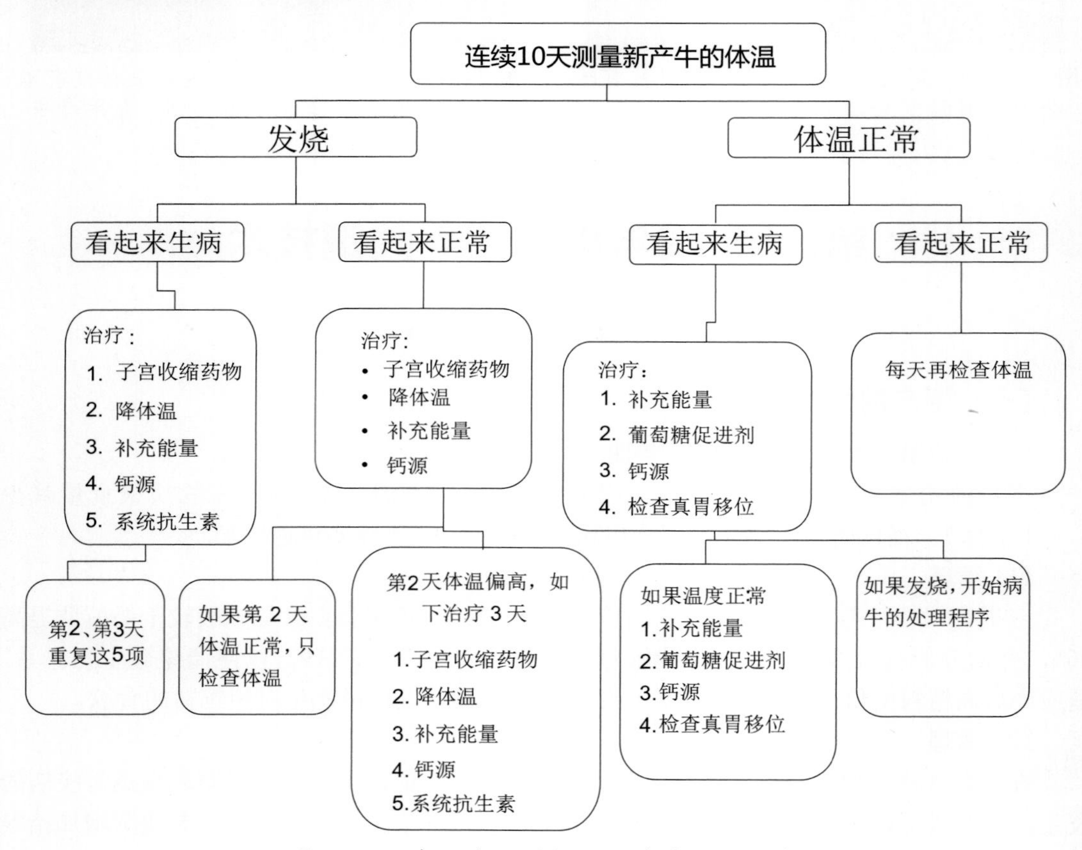

图 3-14　牛只产后的护理和疾病处理程序

（二）产奶牛的饲养管理

1. 产奶牛一般饲喂技术

（1）日粮组成应力求多样化

由于反刍动物的消化生理特点，奶牛日粮应遵循“花草花料”的原则。也就是说，奶牛日粮原料应该尽量多样化，以满足能量蛋白降解速度平衡、氨基酸平衡、限制性营养因子的均衡供应。一般而言，奶牛的日粮应由 4 ～ 5 种以上的谷物类、豆类或其副产品组成的混合精料（内含矿物质、微量元素等添加剂）；青粗饲料应由青绿饲料、青贮饲料、根茎瓜果类和干草等组成。奶牛每天可采食优质干草 3 ～ 4 千克，中等品质干草 2.5 ～ 3 千克。

(2) 精、粗饲料要合理搭配

精料的饲喂，日产奶量不足 20 千克的，每生产 2 千克牛奶，饲喂 0.5 千克精料；产奶量为 21 ～ 30 千克的，每产 1.5 千克，喂给 0.5 千克精料；产奶量超过 30 千克的，每产 1 千克给予 0.5 千克精料；但应注意精料最大喂量不要超过 15 千克。

(3) 利用有限优质粗料饲喂高产奶牛

奶牛饲喂优质苜蓿干草及 20% 精料的产奶性能，较饲喂品质差的苜蓿和 70% 精料的高。也就是说，对于高产奶牛，饲喂低质的粗料，虽然加大精料喂量，能提高日粮能量水平，但产奶性能达不到饲喂优质粗料的效果，而且精料过量使用，易出现以下问题：反刍减少，唾液分泌减少，瘤胃酸中毒，乳脂率下降，蹄叶炎，产奶量下降等。

2. 产奶牛阶段饲养法

产奶牛根据其不同生理状况可分为泌乳盛期、泌乳中期和泌乳后期等 3 个阶段。

(1) 泌乳盛期：一般指分娩后 2 ～ 3 周至 100 天

乳房软化，食欲恢复，采食量增加，乳腺机能活跃，体内催产素分泌量增加，产奶量迅速增加。需要缓解产奶量提高与体内能量负平衡的矛盾。

①提高产奶量的措施：饲喂优质干草；对高产牛要添加过瘤胃脂肪；增加非降解蛋白（UIP）喂量；添加缓冲剂，保持瘤胃内环境平衡；增加精料量，但精粗比不超过 60:40。

②缓解能量负平衡的措施：母牛分娩后，产奶量迅速增加。产奶高峰通常出现在产后 4 ～ 8 周，而最大干物质采食量通常出现在产后 10 ～ 14 周。在泌乳初期，能量的供给不能满足产奶的营养需要，导致出现能量负平衡，造成营养不足、消瘦、产奶量下降，无法达到泌乳高峰；代谢机能发生障碍，导致酮病和脂肪肝。

缓解措施：增加精料进食量，使精粗比达到 60:40；饲喂高能饲料；添加脂肪。

高能饲料：蒸汽压片玉米、全棉籽。饲喂适宜的蒸汽压片谷物可以提高泌乳母牛的产奶量、乳蛋白率和产奶的饲料转化效率，但略降低乳脂率。添加脂肪应注意的问题：添加的脂肪最好是包被处理的脂肪，如果没有包被处理则减少用量同时提高钙、镁的含量；适量添加，一般为 3% ～ 4%；注意脂肪的饱和度，以长链脂肪酸为佳；注意脂肪的品质（总脂肪酸＞ 90%，水分＜ 1%，不溶性杂质＜ 1.5%）。

③泌乳前期应注意：如果奶牛泌乳高峰不高，则需注意日粮蛋白质的含量和氨基酸平衡；如果泌乳高峰维持短，则注意日粮能量；泌乳高峰后，头胎牛每天产量下降 0.2%，经产牛则下降 0.3%，即 10 天下降 2% 和 3%；乳蛋白与乳脂肪比应在 0.85 ～ 0.88，此值偏高，往往是乳脂肪太低的问题，主要是要解决粗饲料问题，ADF 必须保持 19% ～ 21% 才能保证乳脂含量；此值偏低，往往是乳蛋白太低造成的，添加脂肪会降低蛋白质含量，但主要的影响因素是能量的摄入不足和过瘤胃蛋白质中氨基酸的组成问题。

(2) 泌乳中期，泌乳 101 ～ 200 天饲养管理要点

①泌乳量进入相对平稳期，月均下降 6% ～ 10%、高产牛不超过 7%，干物质采食量进入高峰期，体重开始恢复，日增重 100 ～ 200 克，卵巢机能活跃，能正常发情与受孕。

②此期是 DMI 最大时期，能量为正平衡，没有减重，奶量渐降，以“料跟着奶走”，混合精料可渐减，延至第 5 ～ 6 个泌乳月时，精粗比（50 ～ 45）:（50 ～ 55）。

（3）泌乳后期

201 天到干奶前，饲养管理要点：

①妊娠后期是饲料转化为体重效率的最高阶段，要考虑体组织修补，胎儿生长、妊娠沉积等营养需要。日增重应达 0.5 ～ 0.7 千克，体况评分应为 3 ～ 3.5 分，头胎母牛日增重应达 1000 克以上。

②这一时期产奶量明显下降，可视食欲、体膘调整需要，精粗比降到 40:60 以下。

③停奶前应再次进行妊娠检查，注意保胎。

④此阶段可进行免疫、修蹄和驱虫等工作，对产奶量影响较小。

（三）干奶期奶牛饲养管理

1. 干奶期的意义

乳腺组织周期性休整，瘤网胃机能恢复，体况恢复。

2. 干奶时间的长短

最短不少于 40 天，否则不利于瘤胃和乳腺的修复；最长不宜超过 70 天，否则奶牛过于肥胖，导致难产和产后营养代谢病，影响产奶量。

3. 干奶的方法

（1）逐渐干奶法

用 1 ～ 2 周的时间将泌乳活动停止。具体做法是：在预定停奶前 1 ～ 2 周开始停止乳房按摩，改变挤奶次数和挤奶时间，由每天 3 次挤奶改为 2 次，而后 1 天 1 次或隔日 1 次；改变日粮结构，停喂糟料、多汁饲料及块根饲料，减少精料，增加干草喂量，控制饮水量，以抑制乳腺组织分泌活动，当奶量降至 4 ～ 5 千克时，1 次挤净即可。

（2）快速干奶法

在预定干奶之日，不论当时奶量多少，认真热敷按摩乳房，将奶挤净。挤完奶后即刻用酒精消毒奶头，而后向每个乳区注入一支长效抗生素的干奶药膏，最后再用 3% 次氯酸钠或其他消毒液消毒乳头。

无论采取何种干奶方法，乳头经封口后不再触动乳房。在干奶后的 7 ～ 10 天内，每日两次观察乳房的变化情况。乳房最初可能继续充胀，但 5 ～ 7 天后，乳房内积奶逐渐被吸收，约 10 ～ 14 天后，乳房收缩松软。若停奶后乳房出现过分充胀、红肿、发硬或滴奶等现象，应重新挤净处理后再行干奶。

4. 干奶期饲养

（1）干奶期的饲养

目标：保证胎儿生长发育良好；保证最佳的体况；控制避免消化代谢疾病。

饲养应注意的问题：日粮保持适宜的纤维含量，限制能量过多摄入，避免过食蛋白质，满足矿物质和维生素的需要。

①干奶第一个月的饲养：粗饲料，自由采食（青贮控制在 DMI 的 40% 以内），不喂冰冻饲料。精饲料 3 ～ 4 千克，如果膘情超过 8 成，可减量饲喂以调整体况。水自由饮用，要清洁，冬天水温在 12 ～ 19℃ 较好。适当运动，每天 2 ～ 3 小时，刷拭牛体，牛舍保

持清洁干燥。

②干奶第二个月的饲养：粗饲料自由采食，喂给优质、适口性好的牧草，控制青贮喂量。精饲料 3 ～ 4 千克 / 每天。保证维生素和微量元素的供给，控制钾、钠等阳离子的摄入，有效预防产后胎衣不下、产后瘫，减少乳房炎的发生。高钾含量的牧草不能饲喂给干奶牛，如豆科牧草。

（2）干奶期的管理

使用乳头密封剂封闭乳头，阻碍细菌的侵入，从干奶当天开始，每天药浴乳头，持续 10 天时间；适当运动，防止滑倒；牛舍清洁干燥，有垫草或厚的新沙土，最好单栏饲养；分群饲养，产前 15 天进入产房，产前 3 天进入分娩间；干奶期的膘情应控制在 3.5 分左右。

（四）提高乳蛋白率的措施

夏季，很多养殖户的牛奶会因为乳蛋白率不达标而被乳品企业拒收。奶农首先会想到用增加蛋白饲料喂量的方法应对。结果是刚开始有点效果，不久就会失去作用。其实，乳蛋白率低，并不一定是日粮蛋白水平低造成的。成年母牛瘤胃菌体蛋白是乳蛋白的最好原料，增加瘤胃内菌体蛋白的合成，才是提高乳蛋白的关键。具体措施：

1. 提高干物质采食量，首先满足能量需要

饲喂适量的蒸汽压片谷物可以提高泌乳母牛的产奶量、乳蛋白率，比添加豆粕更有效。

2. 合理添加脂肪

日粮中添加脂肪不当会导致乳蛋白率下降，所以在提高日粮浓度时脂肪添加量不能过高，添加脂肪后的日粮中总脂肪含量以 5% 为宜，最高不超过 7%。

3. 平衡日粮氨基酸，必要时增加过瘤胃蛋白

奶牛产奶量不断提高，每天由奶中分泌的蛋白量很大，迫切需要采用氨基酸平衡技术来提高乳蛋白产量。根据现有研究结果，首先应考虑必需氨基酸中赖氨酸和蛋氨酸水平，小肠可消化的蛋白质中赖氨酸和蛋氨酸宜分别保持在 7.0% 和 2.2%。

4. 提高乳蛋白的饲养管理技术

抓好泌乳高峰期和夏季两个乳蛋白率偏低时期的饲养管理。高度重视围产期的饲养管理，防止产前过于肥胖，减少围产期疾病，尽量减轻应激，保证奶牛干物质采食量。采取各项防暑降温措施。克服影响乳蛋白率降低的不良因素，改善牛舍和饲喂、挤奶等饲养环境，提高奶牛整体健康水平，保持合理的牛群年龄结构等。

二、技术特点

成年母牛在不同生产阶段的饲养标准和管理方法差别很大。饲养成年母牛只有根据其不同的生理阶段执行不同的营养和饲养管理标准，才能满足各阶段成年母牛的需要，且不至于造成饲料的浪费。单产 8 吨的奶牛，每年的产奶量是自身体重的十几倍，奶牛始终处在一个高度敏感和疲惫的状态，机体负担相当沉重。在饲养管理上，应根据成年母牛各生产阶段的生理特点和行为需要，创造相应的条件，最大限度的减少奶牛的不适和应激。

围产期关键是做到顺利的过渡，避免产后繁殖疾病和营养代谢病。产奶前期要提高营养浓度，提高干物质采食量，降低能量负平衡程度，提高峰值产量和产奶持续力。产奶中后期，要根据产奶量和牛群体况及时调整配方，增加粗饲料的比例，调整降低成本。在乳蛋白率低的情况下，首先应考虑满足日粮能量浓度，提高干物质采食量，增加瘤胃菌体蛋白的合成。

三、效益分析

加强围产期的饲养，降低产后的发病率，降低了药费支出，更为整个泌乳期的高产稳产打下了基础，每头牛每个胎次可避免 500 千克奶的隐性损失和 500 元的治疗费用。分阶段饲养，产奶前期峰值产奶量每增加 1 千克，整个泌乳期可增加 200 ～ 300 千克产量。产奶前期每头牛增加 500 元的优质粗饲料投入，峰值产奶量增加 3 ～ 5 千克，每个胎次增加 1 吨奶的目标是完全能实现的。产奶中后期严格按照科学饲养，可减缓降奶速度，增加泌乳持续力，增加 200 千克的产量。夏季关注奶牛干物质和能量的补充，可以缓解热应激带来的乳成分下降。

四、案例

佳宝乳业第一牧场

佳宝一牧南区，采用泌乳盛期饲喂优质精、粗饲料的方法，创造群体单产 9500 千克，牛均创利 8000 元的高投入高产出模式。具体措施：

严格执行各阶段饲养标准的基础上，在产奶前期供应适口性好的优质粗饲料（苜蓿、全株玉米青贮、澳大利亚进口燕麦草），总日粮酸性洗涤纤维（ADF）约占 19% ～ 20%，中性洗涤纤维（NDF）约占 25% ～ 28%，其中 21%NDF 应来自于干草，如此可刺激奶牛食欲，达到最佳瘤胃功能。

供给高营养且易消化利用率高的混合精料（蒸汽压片玉米、全棉籽、膨化大豆），日粮蛋白质的含量应占干物质的 18% ～ 19%，其中约 40% 为过瘤胃蛋白；能量浓度保持 1.70 千卡 / 千克以上。TMR 饲喂，日粮营养应平衡稳定，供应足量的矿物质和维生素，充足洁净的饮水等。

第五节 奶牛信息化管理技术

目前，奶牛信息管理系统在国内外奶牛养殖业中已经得到一定程度的应用，特别是在规模化牧场大量应用，取得了较好的效果，为牧场管理者提高管理水平，实行规范化操作发挥了重要作用。国外目前在奶牛生产中已有很多成熟的的计算机产品，并在世界范围内广泛使用，其中应用广泛的有：德国 WestFalia 公司开发的奶牛群及挤奶间计算机管理系统 Dairyplan21 系统，以色列 KIbbutz Alikim 公司研制的 AliFarm 系统，英国 FullFood 公司开发的自动牛群管理系统 Crystal 系统，Delaval 公司开发的 Alpro 牛群自动管理系统，新西兰的 MASSEY 大学临床兽医学院研制的 DairyMAN 管理系统。国内奶牛自动化信息系统的研究和应用起步较晚，关键技术大多引自国外。随着近年来奶牛规模化养殖的发展，智能化信息管理的需求越来越大，我国奶牛信息化管理系统的研究水平进步很快，智能化设备生产能力和应用能力显著提升。特别是国内自主研发的“奶牛多牧场云计算管理系统”，在数据智能分析和控制等方面达到了世界领先水平，在软件个性化定制、可操作性、整合性、服务的持续和稳健方面作出了自己的特色。

一、主要技术内容

（一）牛群基本信息管理

牛群信息管理主要内容有：牛只基本信息登记、系谱档案登记、生长测定登记、体形评定（线性评定）、体况评分、牛群结构、牛群周转、犊牛分析、疾病信息等。通过这些信息的记录和分析，利用智能化管理软件可以形成完整的动态牛只档案库和牛群结构分析。

（二）奶牛个体信息及电子识别管理系统

利用计算机专用软件将奶牛编号、品种、来源等系谱档案资料和繁殖信息、疾病信息、防疫信息等录入计算机智能化系统进行汇总，建立一套完整的电子档案，应用电子耳标、电子感应项圈及自动识别系统，实时监控奶牛群体活动状态，及时、准确采集奶牛个体各类生产数据，实现奶牛个体的自动识别，信息的自动采集，提高识别效率和准确度。

（三）繁殖管理

繁殖信息主要包括：发情配种登记、妊娠检查登记、干奶登记、产犊登记、流产登记、配种计划、空怀牛汇总等，通过以上信息可以实现奶牛繁育周期规律和生产流程的自动控制与评定。

（四）发情监测系统

奶牛发情监测系统有两种模式，一种是由电子项圈识别门和电脑终端组成，牛只每次通过识别门时，识别门上的感应器将牛号及电子识别项圈上记录的活动量等信息自动传输到电脑终端数据库。另一种是由固定在牛腿上的计步器和固定在挤奶位上的感应器、传输系统组成，每次挤奶时计步器与感应器自动发生感应，从而实现牛号的自动识别，同时，计步器上记录的牛的活动量信息自动传输到电脑数据库。

系统通过对奶牛日常活动规律，如走动、爬跨、躺卧、站立等行为数据分析，建立奶牛活动量与发情关系的预测模型。同时，结合奶牛发情期间基础体温变化规律，准确判断发情时期，确定最佳受孕时机。通过监测已受精牛体温变化规律，建立妊娠牛自动检测系统。建立发情牛和妊娠牛自动分群系统，使发情监测不依赖人工观察，提高妊娠率和繁殖率。

（五）产奶管理

1. 个体日产奶记录

按个体记录当班当次产奶数量。

2. 奶牛月生产记录

如果从技术上按个体分班次记录每头奶牛每次挤奶的数量有难度，则可以按每头每日或者每个牛舍每天的产乳情况进行数据记录。

3. 鲜乳质量检测记录

对于参与 DHI 测定的奶牛，需要记录原奶品质检测的原始数据；管理系统数字化表达不同等级的鲜乳质量标准，作为判断原奶质量等级的依据。

4. 报表记录

通过报表工具统计处理、报表输出按个体处理的日、月或指定时间内的产奶量，牛群产奶明细报表，通过报表工具统计处理、报表输出按牛舍处理的日、月产奶数据；牛群胎次产量分布，以胎次为分类依据，统计不同胎次处在不同产奶水平（按 305 天）计算的产量分布。

5. 牛群生产图表分析

动态统计一段时间内牛群产奶量的变化、成年母牛头天数、成年母牛日均产、泌乳牛头天数、泌乳牛日均产等重要的生产性能指标并进行图形化输出，使管理者对生产情况一目了然。

（六）饲养管理

饲养管理信息主要包括：饲草饲料数量质量报告、营养需要、配方制作、配方优化、日粮分析、原料合成、配方输出、饲喂方式等。全面的饲养管理信息为实施精细化饲养管理提供了技术保证。现代规模化牛场运用红外探测、RFID、电子称重等技术实时监测奶牛采食量、饮水量状况，根据不同阶段、不同生理期奶牛营养需求，全混合日粮饲喂车定量饲喂，精料补饲机精确补饲，使奶牛营养更均衡、更精细，实现了对奶牛的精准饲喂。在 TMR 饲喂技术的基础上，将适量精料补充到奶牛全价日粮（基础料）上，使补充日粮连同全价日粮（基础料）得到同时采食。

全价日粮（基础料）按照牛舍中 TMR 饲喂的最低配比进行配制，稳定奶牛瘤胃 pH 值，增加日粮适口性；补充的精饲料量依据奶牛个体的体重、泌乳期、产奶量、最大产奶量、体况、胎次等生理信息进行计算得出。该技术可以不将奶牛进行分群，避免了频繁分群带来的应激和产奶量的波动，同时实现了按照奶牛个体进行按需饲喂，充分发挥奶牛个体的产奶潜能，进一步提高奶牛产奶量。

（七）卫生保健管理

卫生保健管理内容包括：疾病登记、检疫登记、免役登记、免疫计划管理、乳房保健登记、修蹄护蹄、消毒登记、疾病分析、检疫分析、免疫分析、综合登记等。

（八）奶牛专家信息系统

奶牛专家信息系统主要内容有：牧场生产报告（牛群变动、产奶日报、月报、牛群周转月报）、牛群周转分析（月报、年报）、牛群饲喂成本分析（月报、年报）、产奶综合分析（牛群产奶计划、生产、销售分析），为牧场管理提供决策支持。

（九）奶牛牧场云计算管理系统

随着云计算、互联网技术的不断发展，建立信息化的奶业技术服务、科技创新、成果转化的系统，打造全方位综合服务平台，提高奶牛场的生产效率，提升管理质量，这些都对信息化的运用提出了更高的要求。建立云计算数据中心，这不仅有利于数据统计和行业监管，而且可以便捷地开展营养研究、联合育种等一些专业领域的数据开发利用。

奶牛牧场云计算管理系统为现代奶业发展提供了一个信息化平台，促进了奶业产业水平的大提升：一是通过物联网实现牧场内部数据精确、全面、即时地采集与预警，并与各种硬件进行数据传输，为操作人员提供及时准确的信息支撑；二是通过云计算进行多牧场深层次数据挖掘分析，并根据不同管理需要生成报表、预警及智能分析结果，为管理者快速决策作参考；三是通过各类型移动客户端的应用，实现智能化生产现场管理与随时随地获取数据。

二、技术特点

（一）牛场管理数据化，提供系统的基础信息

通过建立完整的奶牛系谱信息档案库，利用各种自动化信息设备和处理软件，将各种信息数字化处理，对牛场的基础数据进行全方位多角度地科学管理。

根据各类数据、图表的分析报告，准确掌握牛群、牛只的生产和健康状况；若发现异常，能及时查出问题产生的原因，并提供解决方案。

通过完成牛只基本档案登记、生长性能测定、体形评定、体况评分等的基础信息，与繁殖登记、产奶登记、兽医保健等信息关联，建立完整牛只档案库，提供适时动态牛群结构、生产状况分析报表。

（二）牛场管理动态化，实现标准化的管理

实现了对牛群实时动态的管理，对繁殖、产奶等核心业务追踪到个体。完成牧场常见物资（饲料、药品、精液、耗材等）的进出存管理，适时监控牧场物资动态，提供物资库存预警和财务实际库存台账结转和物资盘点功能。

通过奶牛信息档案库和全程实时动态的牛群管理，能够使育种、繁殖、产奶、饲喂、疾病防治、人员物资等依照标准化技术规范管理，真正做到事前有标准，事中有控制，事后有考核。便于对牛场各岗位人员的管理与考核，可以准确统计、报告每个员工在任意时间或日期段内的工作量以及工作完成情况，实现定量考核。

（三）牛场信息自动采集，实现牛场管理智能化

第一，实现牛场数据库与各自动化设备的数据更新，通过与畜牧主管机构中心数据库的自动链接，实现了资源共享，便于监管和服务。

第二，自动完成实时产奶信息登记与分析，提供与数控挤奶设备的数据导入接口程序。根据历史产奶记录、当前牛群结构等信息预测和制定产奶计划，并跟踪、反馈计划执行情况。

第三，实现对生产全过程监督预警，对照管理目标自动进行日常工作提示、异常业务

警示和安全威胁警报等服务。

三、效益分析

根据统计资料，规模化牧场采用现代信息管理技术，通过奶牛运动量和产奶量的变化，及时发现发情的奶牛，适时输精配种，漏配率降低 20%，配准率提高 10%；通过奶牛产奶量和电导率的变化，及时发现乳腺可能感染的奶牛并及时治疗，乳腺炎的发病率降低 30% ～ 40%；通过奶牛体重、产奶量、运动量、环境温湿度、妊娠状态，精确计算每头奶牛的各种营养需要，并为其自动饲喂精补，在保证营养供给的同时，节约了精饲料，减少精料损耗 5%；利用以往胎次产奶和繁殖数据，制订选育和淘汰计划，提高了牛群的整体质量。

智能化精确饲喂装备的使用可使个体奶牛的日产奶量平均提高 3 ～ 4 千克，按当前鲜牛奶及精饲料的市场价进行计算（精饲料 2.0 元 / 千克，鲜牛奶 3.0 元 / 千克），使用智能化奶牛精确饲喂装备后，平均每头奶牛 1 个泌乳期可增加效益至少 900 ～ 1200 元。

应用信息化管理技术，每头牛可平均节约精料 10%，节约人工 5%，大幅提高了奶牛场的比较效益。

四、案例

《奶业之星 2000》，是一个面向全国所有奶牛场，包括国有大中型、乡村及个体小型牛场，真正以国际标准，全国奶协规范开发，覆盖了奶牛场几乎所有业务处理环节，具有很强的通用性、灵活性和自适应性的开放式智能管理型多媒体网络应用系统。

系统内部含有丰富的知识库、经验库以及模型库。为用户提供了开放接口。用户可以根据本场的实际情况包括适用于本场的奶牛生产技术规程（管理模式）、本地区的地理气象环境、饲料种植结构等信息录入到系统开放的参数库中，从而使系统成为专门量身定做的奶业应用系统。

系统具有很高的自动化、智能化。通过产后跟踪、泌乳阶段分析、繁殖配种受胎分析等十余种工具模块，智能分析牛场中存在的问题、总结经验，指出方案。

奶业之星 2000 内部的核心部件含有全面而庞大的知识库、处理模型、模式库、功能函数库、以及开发标准库等。奶业之星 2000 就是通过这个核心部件实施对牛场智能化、自动化管理的。

第六节 机械化挤奶技术

一、主要技术内容

（一）机械化挤奶的原理

机械化挤奶是利用抽真空的原理，使乳头内的压力高于乳头外的压力，迫使乳汁流向低压区。挤奶设备一般由真空泵（含电动机）、真空罐及真空调节阀、真空管道和挤奶系统等组成，每一个挤奶系统又由集奶桶、集乳器、脉动器、金属和橡皮导管（其中，一条为真空管，另一条为输乳管）和乳杯组成。机械化挤奶一般都与直冷式贮奶罐组合使用，以便通过冷排直接把刚挤出的牛奶快速冷却到 4℃以下，充分保证牛奶质量和生产的全封闭状态。

奶牛场规模不同，机械化挤奶设备也不同。机械化挤奶分为桶式和管道式两种，主要形式有移动式挤奶装置（桶式）、定位挤奶和挤奶厅式，牛场可根据规模、资金、场地等条件选择适宜的设备，但目前国内普遍采用的是挤奶厅式挤奶。

（二）挤奶厅设备选型

1. 鱼骨式挤奶台（图 3–15）

因挤奶台两排挤奶机的排列形状犹如鱼骨而得名，牛体与挤奶沟成 30° 的夹角，这样可以使奶牛的乳房部位更接近挤奶员，观察奶牛乳房面积大，有利于挤奶操作，减少走动距离，提高劳动效率。一般情况下，每个挤奶周期（进牛、擦洗乳房、套杯开始挤奶、结束到下批牛进来）的时间为 8 ～ 10 分钟。一般适用于中等规模养殖场。目前在生产中使用较为普遍。

2. 并列式挤奶台（图 3–16）

奶牛挤奶栏排列与牛舍的牛床类似，牛体与挤奶沟垂直，每头牛所占的挤奶坑道长度最小。悬挂式后护栏设计使牛的乳房离挤奶坑道很近，挤奶员视觉、操作无障碍，方便快捷，安全舒适，工作效率高。一般情况下，每个挤奶周期的时间为 5 ～ 8 分钟。

3. 转盘式挤奶台（图 3–17）

利用可转动的环形挤奶台进行挤奶流水作业。奶牛可连续进入挤奶厅，挤奶员在入口处清洗、消毒乳房、套奶杯，不必来回走动，操作方便，每转一圈 5 ～ 8 分钟，转到出口处已挤完奶，工作效率高。在大规模奶牛场使用普遍。

图 3–15 奶牛场鱼骨式挤奶台

图 3–16 良种奶牛繁育场并列式挤奶台

图 3–17 奶牛养殖示范园区转盘式挤奶台

（三）挤奶操作程序

1. 挤奶前的准备

挤奶前挤奶人员穿好工作服，准备好挤奶用品如奶桶、毛巾，并调好洗擦乳房水的温度，检查乳头消毒液、药浴液，备好治疗乳房炎药物，检查挤奶管道是否完好清洗，奶罐状态是否正常，如刚收奶后，奶罐出口是开放的，需要及时清洗，挤奶前需检查并关闭出口阀门，将输送牛奶管道对准奶罐口。开动机器，并确定运转正常。

2. 规范的挤奶步骤

第一步，观察乳房。擦洗之前用眼睛快速扫视一下乳房，检查乳房是否正常，是否有红、肿、热、创伤等，如没有异常，当即进入第二步清洁乳房。

第二步，清洁乳房。清洁乳房用的温水，夏季控制在 45 ～ 50℃，冬季控制在 55℃。要做到一头牛一条毛巾，毛巾最好选择带毛肚的小方巾。清洗的时候，把毛巾沾上热水，然后在乳区周围进行清洗，清洗完毕之后，再把毛巾拧干，对乳房进行按摩。

第三步，药浴乳头。预药浴可减少乳头皮肤细菌数，降低 50% 的环境性乳房炎，降低新发生乳房炎的发病率，同时防止乳头表面的细菌污染牛奶。常用的药浴液有：0.5% ～ 1% 的洗必泰、3% 的次氯酸钠、0.3% 的新洁尔灭、0.2% 的过氧乙酸、5% 的碘伏等。药浴液在乳头上停留的时间不应少于 30 秒，要求 2/3 乳头浸入药浴液，以保证消毒效果。

第四步，擦干乳头。防止药浴液污染牛奶，擦干最好选用一次性纸巾，也可选用干净的毛巾，以防乳房炎的交叉感染。

第五步，检查头把乳。挤奶前，每个乳区都要挤第一、第二把奶到专用检奶杯进行检查。牛奶乳白色且呈匀质状态，说明乳房、牛奶正常，可马上挤奶。如发现牛奶出现絮状物、水样、带血等，说明牛奶异常，多是乳房炎的特征，要进行异常乳的处理。

第六步，开始挤奶。机械挤奶时开真空，套奶杯，挤奶开始。应在 45 秒钟内上好奶杯，使奶杯妥贴地套在奶头上，调准奶杯位置，使奶杯均匀分布在乳房底部，等下奶最慢乳区的牛奶挤完后，关闭集乳器的真空，马上移去奶杯。人工挤奶时直接挤入奶桶。

第七步，药浴乳头。奶牛挤奶结束后，断真空，取奶杯，再次用专用药液消毒奶头，目的是防止细菌在两次挤奶间隙中对乳头造成侵害。

3. 场地卫生整理

挤奶完成药浴乳头后，该组牛的挤奶工作即全部结束，将该组牛放走，然后进行下一组牛的挤奶，其过程是一致的。当所有奶牛挤奶结束后，立即进入挤奶的第三个程序，即卫生整理工作。现代化的挤奶装置配套自动化清洗系统，操作时只需按要求按启动开关，按时、按量投放清洗剂即可。中小型奶牛场挤奶厅地面、挤奶管道及其奶杯表面的清洗，最好使用高压水枪认真细致的冲刷。各种牛奶容器的清洗和消毒，于每次挤奶后进行刷洗，凉干后备下次使用。

挤奶设备内部的日常清洗保养，包括预冲洗、碱洗或酸洗、清洗 3 个步骤。

第一步，预冲洗。挤完牛奶后，马上进行冲洗。预冲洗不用任何清洗剂，只用符合饮用水卫生标准的软性水冲洗。预冲洗水不能走循环，用水量以冲洗后水变清为止。预冲洗水温在 35 ～ 45℃之间最佳，水温太低会使牛奶中脂肪凝固，而太高会使蛋白质变性。

第二步，碱洗或酸洗。碱洗，主要用于洗掉牛奶乳脂残留；酸洗，主要用于洗掉牛奶中矿物质残留。生产中，设备清洗多采用碱洗、酸洗交替进行，以保证冲洗废液接近中性，这样可做肥料使用，而不致造成环境污染。碱洗时，开始温度 70℃以上，循环清洗 5 ～ 8 分钟，循环后水温不能低于 40℃；酸洗时，温度 35 ～ 45℃，循环清洗 5 分钟。在决定酸、碱洗液浓度时，要考虑水的 pH 值和水的硬度。

第三步，清洗。最后用符合饮用标准的清水进行清洗，清洗循环时间 2～10 分钟，以清除可能残留的酸、碱液和微生物。

各种牛奶容器的清洗和消毒，可参照上述办法，于每次挤奶后进行刷洗，晾干后备下次使用。

（四）挤奶的次数和间隔

奶牛分娩 5 天后即可用机器挤奶，每天的挤奶时间确定后，奶牛就建立了排乳的条件反射，因此必须严格遵守。挤奶的次数和间隔对奶牛的产奶量有较大的影响，挤奶时间固定，挤奶间隔均等分配，都有利于获得最高产奶量。一般情况下，每天挤奶 2 次，最佳挤奶间隔是 12 小时 ±1 小时，间隔超过 13 小时会影响产奶量。高产奶牛每天可挤奶 3 次，最佳挤奶间隔是 8 小时 ±1 小时，一般每天挤奶 3 次产量可比挤奶 2 次提高 10%～20%。

（五）不能上机挤奶的奶牛

以下状态的奶牛禁止机器挤奶：分娩 5 天内的奶牛；分娩 5 天以上，但乳房水肿还没有消退的奶牛；病理状态的奶牛，如患有乳房炎，特别是传染性疾病的奶牛；抗生素治疗，停药 6 天内的奶牛；分泌异常乳（如含有血液、絮片、水样、体细胞计数超标）的奶牛。

二、技术特点

机械化挤奶速度快，劳动强度小，特别是挤奶厅挤奶的推广使用，保证了真空装置和挤奶器都固定在专用的挤奶间内，所有奶牛都通过规定畜道进入挤奶间进行挤奶，挤下的牛奶通过输送管道进入牛奶间冷却贮存，实现了挤奶与饲养的有效分离。

机械化挤奶与传统手工挤奶相比，更容易使奶牛达到最佳生产状态，收益率更高。机械化设备的使用，也为奶牛场的精细化管理提供了广阔的对接平台，一大批先进的牛场操作系统和管理软件得到充分应用，在提高牛场科学管理和保证原料奶质量等方面意义重大。

当然，任何先进技术的应用都有两面性，如果操作不当，也会造成乳房炎的发病率提高，降低产奶量。因此，在进行机械化挤奶时，一定要严格执行操作规程，经常检修挤奶机械，更换被磨损的零部件。

三、效益分析

机械化挤奶是奶牛场的主要生产环节。挤奶如用手工来完成，其劳动量将占奶牛场全部工作量的 60% 以上，挤奶如用机械来完成，劳动量可缩减 75% 以上。据调查，手工挤奶每人每小时最多可挤 6～8 头牛，使用管道式挤奶机挤奶，每人每小时可挤 25～30 头牛。同时，还可以提高牛奶的卫生质量。

四、案例

宁夏翔达牧业科技有限公司使用的美国博美特有限公司生产的2×40×calibur90LX提升并列式挤奶台和配套使用的冷排（图3-18）。

图3-18　并列式挤奶台和冷排

第四章 疾病防治技术

第一节 犊牛腹泻的防治技术

一、病因

引起犊牛腹泻的原因，常分为非感染因素和感染因素两类。但在临床上很难将二者严格区分。

（一）非感染因素

1. 营养因素

第一，围产期母牛日粮营养不平衡，犊牛出生后体质较弱，且初乳质量较差。

第二，犊牛出生后初乳饲喂不及时或饲喂量不足，致使犊牛获取母源抗体不足免疫力降低。

第三，一次性饲喂过多牛奶，造成犊牛消化不良。

第四，代乳粉稀释不当。

2. 环境因素

第一，饲养环境差，母牛乳房不干净，造成母乳不卫生或饲喂隐性乳房炎的母乳。

第二，潮湿、寒冷、卫生不洁，造成致病菌感染。

第三，饲养密度过大。

3. 应激因素

第一，气温骤变，使犊牛突然遭受低温或热应激。

第二，饲喂奶温或饲喂成分突然发生改变。

第三，长途运输或饲养环境突然改变。

（二）感染因素

引起腹泻的病原体有很多种，只有通过实验室检测才能正确诊断，引起腹泻的主要病原体有：

细菌：大肠杆菌、沙门氏菌、产气荚膜梭菌、弯曲杆菌。

病毒：轮状病毒、冠状病毒、黏膜病毒。

真菌：霉菌及其分泌的毒素。

肠道寄生虫：球虫、隐孢子虫。

二、腹泻预防

奶牛群体的健康状况、免疫水平以及牛舍卫生条件都影响着犊牛出生后的健康状况。

（一）产犊前母牛饲喂

母牛的健康状况密切影响着犊牛的健康。怀孕母牛，特别是妊娠后期母牛饲养管理的好坏，不仅直接影响到胎儿的生长发育，同时也直接影响到初乳的质量及初乳中免疫球蛋白的含量。因此，对妊娠母牛要合理供应饲料，饲料配比要适当，给予足够的蛋白质、矿物质和维生素饲料，勿饥饿或过饱，确保母牛有良好的营养水平，使其产后能分泌充足的乳汁，以满足新生犊牛的生理需要。母牛乳房要保持清洁。要保证干草喂量，严格控制精料喂量，防止母牛过肥和产后酮病的发生。

干奶期日粮能量和蛋白质不平衡，缺乏硒、矿物质和维生素，犊牛出生后体质弱，且初乳质量差，容易造成犊牛腹泻。

（二）产房卫生

犊牛出生后，母体和分娩环境都会成为犊牛发生腹泻的诱因。为了预防腹泻，产房要宽敞、通风、干燥、阳光充足，消毒工作应经常进行；产圈、运动场要及时清扫，定期消毒，特别是对母牛产犊过程中的排出物和产后母牛排出的污物要及时清除；牛舍地面每日用清水冲洗，每隔 7 ～ 10 天用碱水冲洗食槽和地面；凡进入产房的牛，每日刷拭躯体 1 ～ 2 次，用消毒药对母牛后躯进行喷洒消毒。犊牛栏也必须保持清洁卫生，同时在犊牛栏内放置干燥的垫草。每头母牛应拥有 8 ～ 12 平方米的空间，同时能看到周围的动物。隔离的分娩区域能保护母牛不受周围动物的感染，从而确保整个生产过程不受干扰。

产房消毒应选用合适的消毒剂，如40%的过氧乙酸（0.1%，0.4升/平方米，保持5分钟），这种消毒剂在温度较低的条件也同样有效。

（三）初乳提供

新生犊牛被动免疫的获得是提高成活率的关键。犊牛应在出生后 12 小时内摄入 4 升左右的高质量初乳，初乳中的免疫球蛋白越早进入犊牛体内，犊牛成活的几率就会越大。初乳中免疫球蛋白的含量最高，犊牛真胃和小肠缺乏消化酶如胃蛋白酶，因此不会对初乳进行降解，初乳中的免疫球蛋白可以被吸收。随着出生后小时数的增加，24 ～ 36 小时肠道吸收抗体的能力基本消失。一般只有约 50% 的新生犊牛可以自主的吸食足量初乳。因此，在出生后的 2 个小时内，必须要给新生犊牛提供 1.5 ～ 2 升干净、接近体温的初乳，6 小时以后再重复饲喂一次。犊牛周围环境应干燥通风，并且单独饲养在犊牛岛中。初乳灌服推荐方法：

第一，灌服初乳需来源于健康的母牛。初乳应在20℃左右的环境。过冷太浓，过热太稀，同时注意不要出现气泡。

第二，为避免破坏免疫球蛋白，低温存贮的合格初乳需用温水缓慢解冻至 20 ～ 25℃

才可灌服。初乳低温贮存时应该一母一存（6 千克）。新鲜初乳其免疫球蛋白保持生物活性的时间随贮存温度的不同而相异：20℃为 2 日；4℃为 7 日；-20℃为 1 年。

第三，使用专门的初乳瓶直接将初乳灌入真胃，应避免灌入肺中。

第四，出生后半小时以内即刻强行灌服初乳，越早越快越好。

第五，出生后 12 小时再强行灌服 2 千克。

第六，12 ～ 18 小时，结束初乳灌服。

第七，此后即照常规饲喂普通乳或犊牛替代乳。

（四）母源免疫

对进行轮状病毒、冠状病毒和大肠杆菌免疫的母牛群体，初乳的保护作用与恰当的免疫时间和提供初乳的及时程度密切相关。

新生犊牛饲喂免疫母牛产后 7 天以内的初乳，可以在肠道黏膜形成对腹泻病原体的局部保护作用。初乳可以经过“巴氏消毒”（60℃，30 分钟），在杀灭部分病原体的同时还可以保护抗体不被破坏。

预防犊牛腹泻的免疫接种主要有两种方式：一种是在母牛产前 3 ～ 4 周注射疫苗，使其产生免疫球蛋白类，在犊牛出生后通过初乳得到免疫；另外一种是在犊牛出生后立即口服免疫球蛋白类药物。在感染压力高和卫生条件差的情况下，尽管进行了母源免疫，特定的病原体仍会引发腹泻。但这类腹泻相对发生时间较晚，而且多数呈散发，腹泻症状也相对容易控制。

三、腹泻的治疗

治疗腹泻最重要的途径是补充流失的水分和电解质。此外，还要将犊牛的能量损失降到最低限度，保证胃肠功能的恢复。由腹泻引起的死亡与腹泻的病因没有太大的关系，除内毒素中毒外，死亡大都是由酸中毒引起的。只有确定腹泻是由细菌引起的，并且在发生犊牛体温升高并伴有全身症状时，才建议使用抗生素（图 4-1）。

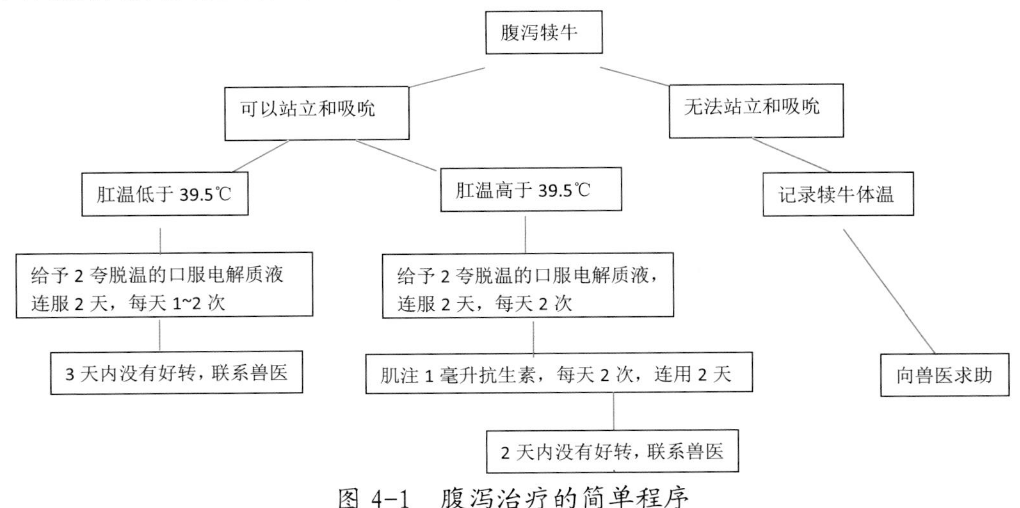

图 4-1 腹泻治疗的简单程序

对于腹泻犊牛，不应停止饲喂牛奶，否则会造成犊牛营养缺乏。营养不良或者饥饿的动物恢复能力较弱，抗病能力差，恢复时间长，如果护理不好甚至会导致死亡。

（一）补充水分及电解质

对于犊牛腹泻，要尽早进行补液，每天需补充 7 ～ 8 升水分。脱水 5% 以上即表现出眼窝下陷、皮肤弹性下降、末鞘温度降低的临床症状，具体判断方法如表 4-1、图 4-2 和图 4-3。根据脱水的程度确定补液的量，再加上每天需要 75 ～ 100 毫升 / 千克体重的维持量，计算方法如下：

补液量 = 体重 × 脱水程度 +（75 ～ 100 毫升 / 千克）× 体重

表 4-1 判断脱水程度的简单方法

脱水	姿势	眼球的下陷程度	皮肤恢复所需要时间
正常	正常	没有	立刻
轻微	精神稍微沉郁，但能够站立	2 ～ 4 毫米	1 ～ 3 秒
中度	精神沉郁	4 ～ 6 毫米	3 ～ 5 秒
严重	精神特别沉郁，不能够站立没有吸吮反射	6 ～ 8 毫米	5 ～ 10 秒

腹泻发生后典型的血液指标为低 pH 值、低血钠、低血氯、低血糖和高血钾，在补充水分的同时还需要补充电解质。补液主要有口服补液和静脉补液两种，如果犊牛脱水较轻，有吸吮反射，可以口服补液。目前有多种商业的口服补液盐，多是利用葡萄糖 / 钠转运系统，促进钠离子的吸收。口服补液的配方较多，如果没有现成的电解质液，可以简单配制。

配方一：葡萄糖 20 克、氯化钠 3.5 克、氯化钾 1.5 克、碳酸氢钠 2.5 克、水 1000 毫升；

配方二：1 升 5% 的葡萄糖溶液中加入 150 毫摩尔碳酸氢钠；

配方三：高能量的口服补液盐葡萄糖的浓度可达 375 毫摩尔 / 升，钠离子浓度一般为 100 ～ 130 毫摩尔 / 升。即 1 升水加入盐和碳酸氢钠各 15 克，加入葡萄糖浓度为 5%。每次配制补液的量为 2 ～ 4 升，每天 2 ～ 3 次，也可以用胃管进行灌服。

失去主动饮水的能力（吸吮反射）是表明犊牛体况严重不良的最重要指标之一。单独通过饮水或灌服不能挽救这类动物，此时就需要输液治疗。静脉补液一般用等渗溶液，参考处方：5% 葡萄糖生理盐水 500 毫升，复方氯化钠液 300 ～ 500 毫升、5% 碳酸氢钠液 200 ～ 300 毫升，轻症者 2 次 / 日，重症者 3 ～ 4 次 / 日。

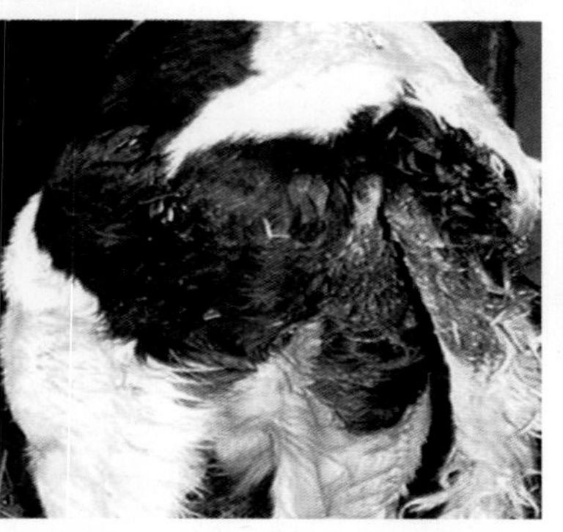

图 4-2 正在腹泻的犊牛

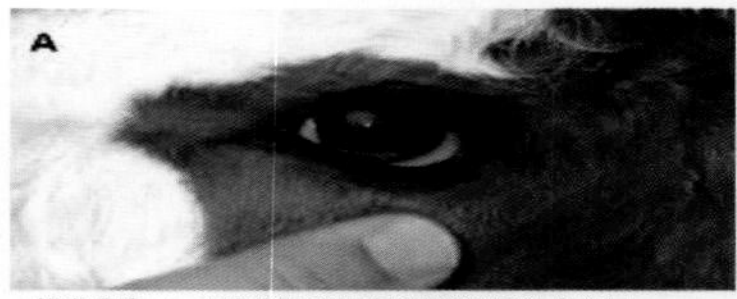

检查眼睛：A. 正常情况下眼睑和眼球之间没有空间；B. 严重脱水，眼球下陷 7 ～ 8 毫米

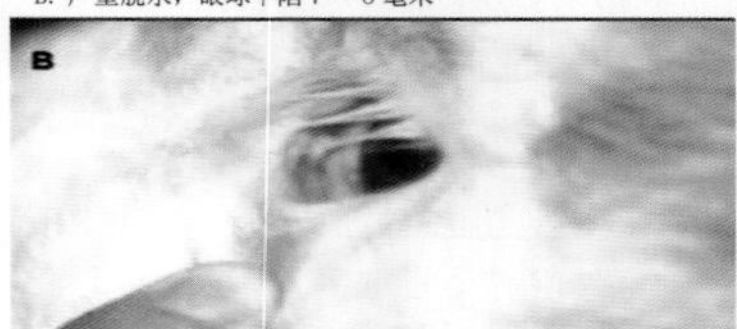

图 4-3 脱水造成的眼窝下陷

（二）纠正酸中毒

腹泻丢失大量的碳酸氢根负离子，导致酸中毒，而酸中毒是造成犊牛精神沉郁的主要原因，也是犊牛死亡的直接原因。一般情况中度腹泻体重 45 千克的犊牛需要的 HCO_3^- 量约为 400 毫摩尔 / 次，如果是酸中毒导致的昏迷，输液治疗 3 ～ 4 小时后症状可以明显减轻，如果没有好转，可能是败血症或者细菌性脑膜炎。

（三）适量饲喂牛奶

补液的同时应该继续饲喂适量的牛奶，因为牛奶可以提供能量。另外，牛奶中含有犊牛生长发育所需要的营养因子，可以在奶中加入 5% ～ 10% 的初乳，初乳中含有相应的抗体，可以在肠道提供局部免疫。没有特别注明的电解质液原则上和牛奶不要同时饲喂，应该在饲喂牛奶后 2 ～ 3 小时给予电解质液，腹泻牛每天饲喂牛奶 1.5 升，分 2 ～ 3 次饲喂。

（四）合理使用抗生素

不是所有的腹泻都需要抗生素治疗，如果在腹泻的同时有其他并发症，如体温升高、脐带炎和关节炎，应有选择地使用抗生素。其他的治疗方法还有口服活性炭、水杨酸铋、非甾体类抗炎药、微生物制剂、中草药制剂等。

（五）隐孢子虫和球虫特殊的治疗措施

犊牛出生当天可能被隐孢子虫感染，3 天后出现隐孢子虫感染引起的腹泻症状，此时犊牛排出卵囊，可感染其他动物，也可传播给人。如果是全群发病，应使用药物进行治疗，进行消毒。

对于球虫感染，在药物治疗（推荐使用地克利珠）的同时建议使用含有甲酚的消毒剂进行环境消毒。球虫感染经常发生在犊牛出生 3 周以后，断奶犊牛有感染球虫的情况，排出的卵囊没有感染性。只有当卵囊在外界环境发育成孢子后才具有感染性，且感染能力持续 3 ～ 4 天。一旦发现有球虫，特别是虫卵，应使用消毒剂对周围环境进行消毒。

四、诊治要点

一是腹泻的犊牛会流失大量水分、电解质、血液缓冲剂和蛋白质。一旦发生脱水和代谢紊乱，动物体况快速下降。

二是犊牛脱水的程度可以通过皮肤弹性和眼窝下陷的程度来判断。用手指捏住动物皮肤并提起，松开后，观察皮肤复原的速度，可以判断脱水的程度。如果皮肤维持皱褶时间较长，则表明脱水非常严重。必须要对犊牛采取静脉输液。

三是自主站立和主动饮水的能力也反应了犊牛的健康状况。拒绝饮水是一个明显的警示信号，因为电解质的流失和代谢的紊乱使中枢神经受到了影响，食欲和口渴中枢缺乏相应的刺激造成动物采食和饮水的主动性降低。

四是大多数新生犊牛腹泻主要是由母源病原体所致。如果在引进一批新的后备犊牛时发病，应停止引进，降低畜群密度，并将产前母牛转入清洁的畜舍。此外，应确保每头犊牛都能摄入足够的初乳。

五是补充口服补液盐给犊牛提供电解质，提供能量、蛋白、缓冲剂、收敛剂、益生元和其他有益物质。

六是收敛剂会掩盖腹泻的发生，而机体仍在继续流失水分和电解质，只是都被收敛剂所吸收。此外，收敛剂易导致便秘的发生，造成动物自体中毒，严重时死亡。

五、案例

河北省行唐县某奶牛场 2012 年 4 月 23 ～ 28 日，因天气温差变化大，连续发生三例犊牛腹泻病例，临床主要症状：

病例一：犊牛产后 12 小时发现排黄色水样粪便，尾巴和后肢附着有粪便。病犊鼻镜干燥，被毛粗乱，体温 39.3℃，呼吸 30 次 / 分钟，心跳 95 次 / 分钟，粪便中混有气沫和未消化的凝乳块，呈酸臭味。

病例二：犊牛在 5 日龄时发病，患病初期为粥样腹泻，体温变化明显达到 40.2℃，精神沉郁，四肢无力，心跳 126 次 / 分，粪便有恶臭味。

病例三：病犊在 16 日龄发病，体质较差，排黄绿色稀便，体温 39.6℃，脉搏 126 次 / 分钟，精神不振、鼻镜干燥、喜卧，眼窝深陷，皮肤弹性明显下降。

治疗：针对此三例犊牛病例，分别采取口服补液盐、口服补液盐 + 肌肉注射抗生素、人工投服补液盐 + 输液 + 抗生素三种办法分别进行治疗，均痊愈。

第二节 奶牛乳房炎的防治技术

一、临床表现和治疗

（一）病因

1. 机体本身

奶牛自身抵抗力、遗传因素、个体差异以及特定生理阶段的变化等均可诱发。

2. 病原菌

引起乳房炎的病原菌可以分为两大类，一类是接触性传染性病原微生物，主要包括有金黄色葡萄球菌、无乳链球菌、支原体等；另一类是环境性病原，通常不引起乳腺感染，但乳头及其接触的环境被病原污染后，病原进入乳池可引起乳腺感染，包括大肠杆菌、肺炎克雷伯菌、凝固酶阴性球菌、霉菌、酵母等。

（二）感染途径

1. 外源性感染

饲养管理不当、环境脏乱、挤奶操作不规范、设备不能定期维护等，可导致乳房及乳头外伤、乳导管口开放，病原菌侵入引起乳房炎。

2. 内源性感染

细菌及其代谢产物已在体内存在，经血液循环转移后引起炎症，如子宫内膜炎、创伤性心包炎等。

(三) 症状

1. 按临床症状分

急性型：乳房局部出现红、热、肿、痛，乳汁显著异常，产量减少，常伴有体温升高、食欲减退、精神沉郁等症状。

慢性型：全身症状不明显，仅乳房有肿块，乳汁中出现絮状物，产量下降等，常因急性型乳房炎治疗不完全转变而成。

隐性乳房炎：无全身症状及乳房局部变化，需要借助试剂、仪器检测，其体细胞数大大增加，产量不同程度下降。

2. 按病理特点分

卡他性：乳导管及乳池卡他，最初挤的乳汁含有絮状或者凝块状，随后挤出的乳汁正常，无眼观变化，乳腺无红热肿痛炎性反应，无全身症状；乳腺卡他，整个挤奶过程可见絮状物或凝块，产量急剧下降，部分病牛可出现全身症状，触诊乳头基部经常可触到弹性结节。

浆液性：乳汁稀薄，含絮状物，浆液渗出物及大量白细胞渗透到间质组织中，患区红肿热痛，乳上淋巴结肿胀，产量下降，全身症状轻微。

纤维蛋白性：全身症状明显，患区红肿热痛，坚实，产量急剧下降或者中止，仅能挤出数滴乳清或者混有纤维素渣的脓性渗出物，有时含有血液。

化脓性：乳汁脓样，触诊乳房内有黄豆大小脓肿，有较重全身症状和乳房症状。

出血性：乳汁水样，含有絮状、糊状物和红色血液，一般为深部组织出血，可能由外部撞击、碰撞等导致局部受伤或者溶血性细菌感染引起。

(四) 诊断

1. 现场检查

(1) 乳盘检查

主要指在挤奶前将牛奶收集至有黑色衬底的乳盘或者杯子中，观察乳汁是否有凝块和絮状物及颜色变化，以此来粗略诊断乳房炎的发病状况。

(2) 乳房触诊

主要是通过触诊的方法感受乳房的质地、温度变化，判断是否有乳房炎及其严重程度。临床上主要用于急性乳房炎诊断及其乳房炎治疗后期肿胀消退护理效果的跟踪。

(3) 隐性乳房炎检查法

目前，常用的隐性乳房炎检查方法有加州乳房炎检测法（CMT）、上海乳房炎检验法（SMT）等，其原理是用一种阴离子表面活性物质烷基或烃基硫酸盐，与等量乳汁摇匀混合后，破坏乳汁中的体细胞，释放其中的蛋白质与试剂结合产生沉淀或凝胶。细胞中聚合的

DNA 是 CMT 产生阳性反应的主要成分。乳中体细胞数越多，产生的凝胶就越多，凝集越紧密。根据结果一般分为：阴性（-）、可疑（±）、弱阳性（+）、阳性（++）、强阳性（+++），不同配方制作的诊断液在使用中颜色会随着严重程度而变化，具体诊断标准见表 4-2。

表 4-2 隐性乳房炎检查判断标准

判定	符号	乳汁凝集反应	颜色反应
阴性	-	无凝集，回转摇动时流动流畅	黄色
可疑	±	有微量凝集，回转摇动时消失	黄色或者微绿色
弱阳性	+	少量凝胶物，回转摇动时散布于盘底	黄色或者微绿色
阳性	++	凝胶状，回转摇动时向心集中，不易散开	黄色、黄绿色或绿色
强阳性	+++	凝胶成团，黏稠，回转摇动 几乎完全黏附于盘底	黄色、黄绿色或深绿色

2. 实验室检查

（1）体细胞计数（Somatic Cell Counts，SCC）

每毫升乳汁中的体细胞数量，以万个/毫升为单位，用于评估乳腺感染程度。体细胞主要由吞噬细胞、淋巴细胞、多形核嗜中性白细胞、脱落的上皮细胞等组成，当乳腺受到感染后体细胞急剧增多，以多形核嗜中性白细胞为主，主要是抵御外来病原微生物等有害物质入侵及损害。奶牛理想体细胞数：头胎牛≤ 15 万个/毫升、二胎牛≤ 25 万个/毫升、三胎及三胎以上≤ 30 万个/毫升，奶缸样理想的群体体细胞数≤ 20 万个/毫升（表 4-3）。

表 4-3 隐性乳房炎检测与体细胞数值关系

隐性乳房炎检查结果	体细胞数（万个/毫升）
-	0 ～ 20
±	15 ～ 50
+	40 ～ 100
++	80 ～ 500
+++	＞ 500

（2）细菌计数

采用标准平板计数评估奶牛群体或者个体细菌总数，属于定量检测，反应的是挤奶操作及管理情况。管理良好的牛群其奶缸样细菌数应控制在 5000 个/毫升以内，当超过 10000 个/毫升时，则需要认真评估乳腺健康。

（3）病原微生物鉴定

主要用于触染性病原菌的筛选和隔离，属于定性检测，在控制乳房炎传染及公共安全卫生上有着重要意义。

二、乳腺炎的危害

（一）影响乳汁品质

奶牛乳房炎是造成奶牛养殖业经济损失最大的疾病。当奶牛发生乳房炎时，牛奶中体细胞数升高，脂肪酶含量的上升导致牛奶变味，也会导致乳糖、酪蛋白、乳脂的下降以及氯化钠和乳清蛋白的上升，pH 值的升高，缩短牛奶的保质期等一系列危害。

（二）降低生产性能

当牛感染乳房炎后，机体产生大量的白细胞用于消灭病原菌和修复损伤的组织，大量的白细胞聚集在一起，堵塞了部分乳腺管道，使其分泌的乳汁无法排出，从而导致泌乳细胞总量的减少，影响整个胎次甚至终生的产奶量。

（三）提高经营成本

乳房炎治疗需要抗生素治疗，直接增加了治疗成本和额外劳动力成本等，同时又减少了优质牛奶带来的产量和奶价收入。另外，由于奶中含有大量的体细胞和抗生素，使鲜奶受到一定程度的污染，从而影响乳品质量。

三、防治措施

（一）增强牛只体质

一是，根据不同饲养阶段的奶牛营养需要制定并实施精准的日粮，尤其侧重围产期饲养的顺利过渡，减少奶牛代谢性疾病，提高机体抵抗力。

二是，在奶牛干奶期根据自己牧场特点选择具有针对性的奶牛乳房炎疫苗，并对所有新进入干奶期的奶牛进行驱虫，减少特定病原菌带来的群发风险。

三是，选择具有优秀乳房遗传性能的公牛选配。

（二）环境控制

1. 垫料管理

选择无机垫料如黄沙，或者橡胶垫、木屑、沼渣等，但重点需要控制水分，及时更换新鲜垫料或者翻新晾干等，确保牛床干燥。每天清理牛床潮湿或被污染的垫料，及时添加干燥无污染的垫料，确保牛床厚度达 15 厘米以上。

2. 粪便清理

每天对牛舍内的牛粪及时清理、杜绝牛粪长时间过多堆积或者堆积至道路或挤奶通道上。喷淋降温或高湿时期适当增加牛舍的清粪次数。

3. 环境消毒

牛床后 1/3 处的牛粪和湿的垫料应及时清理掉，牛床上可以撒一层薄石灰。每月按计划彻底清除原有的垫料，并用 pH 值为 12 的 3% 火碱（500 毫升 / 平方米）浇透牛床、通道和颈架。每两次碱液，一次过氧乙酸消毒液交替消毒。经产高产牛舍、新产牛舍、围产期牛舍可增加出棚消毒的频率。

4. 灭蚊蝇

制定年度灭蚊蝇制度，减少蚊蝇叮咬传播几率。

（三）牛只管理

第一，尽可能保持牛群封闭，减少牛只引进，避免未知病原的感染。

第二，挤奶结束后应及时饲喂日粮，使其保持站立 30 分钟以上，保证乳头导管完全闭合。减少牛只调动、机械故障、粗暴赶牛等任何打乱正常生产秩序带来的应激。

第三，每月至少进行一次隐性乳腺炎和体细胞检测，高体细胞牛只应坚持隔离分群细菌鉴定，筛选淘汰金黄色葡萄球菌牛、久治不愈慢性乳房炎牛只。

第四，高体细胞牛只应单独分群，可通过加强饲养管理提高抵抗力、挤尽乳区中乳汁、增加挤奶频率、每批消毒挤奶杯、挤奶员手及时消毒等方式降低体细胞数。

第五，需要干奶的牛只应提前妊娠诊断，干奶后应及时标记抗生素牛只，及时分群。

第六，干奶牛饲养密度合理，控制在正常饲养密度的 80%，做好日常放牧工作，但不宜剧烈活动。

（四）治疗

1. 治疗原则

早发现早治疗、及时排除炎性物质、局部与全身用药相结合、选择敏感药物等。

2. 治疗方式

排毒：采取增加挤奶次数、人工注射促进乳汁排出的药物等方式，及时排出细菌内毒素和乳区内炎性分泌物。

抗菌：选择敏感抗生素选择性治疗，可采取乳区注射、肌肉注射、静脉注射等一种或者几种方式联合用药，抑制和杀灭病原微生物。

消炎：炎性早期及时使用消炎药物抑制炎性，如氟尼辛葡甲胺、氢化可的松等静脉注射，也可使用鱼石脂与松节油混合物等外用药物外敷患病乳区缓解炎性症状。

解毒：伴有内毒素血症时可以使用大剂量葡萄糖等缓解症状。

其他营养支持：乳房炎有全身症状是因为内毒素血症和炎症介质作用，低钾、低钙是导致虚弱和躺卧的主要原因，故该类牛只应根据实际情况补充氯化钾、葡萄糖酸钙、碳酸氢钠等。

3. 干奶牛治疗

干奶流程：首先找出需要干奶的牛只，繁殖人员提前确认妊娠状态；其次应准备好药品、器具等，将待干奶牛做好区分标记，与正常泌乳牛区分出来；再次，对待干奶的牛只进行隐性乳房炎检查，并记录乳区检查情况，对干奶前检查结果阴性的直接注射长效的干奶药，结果为“++”以上的肌肉注射左旋咪唑和长效普鲁卡因青霉素油剂或者其他敏感药物，检测出轻微临床乳房炎的，采用敏感抗生素 1 天 2 次乳区内注射与肌肉注射，严重乳房炎需要静脉注射和乳区内注射敏感抗生素。但需要注意，乳区注射前应用酒精棉球对乳头端进行彻底清洁和消毒，先清理乳房远端的乳头，再清理近端，尤其注意乳头口处，注入干奶药时应动作轻柔，先近端再远端注入，严防操作中的触碰污染。对干奶乳区全部药浴后移入干奶牛舍。

干奶牛乳房炎治疗：干奶后注意定期检查干奶牛乳房状况，勿经常触摸乳头，检查出的干奶牛乳房炎牛应选择敏感药物治疗，治愈后再次使用干奶药物注入乳区封乳。久治不愈无全身症状的牛只可直接使用干奶药物或者长效油剂抗生素封乳头，一周后复查挤出残留乳汁及药物，再次注入干奶药物。

干奶期保健要点：干奶后的自动退化期、生乳期是干奶期乳房炎高发阶段，有条件奶牛场可使用药浴液保护性药浴，每天一次。同时应做好干奶期日粮过渡工作，控制体况，预防性驱虫、修蹄、乳房炎疫苗免疫等工作，确保干奶期牛只环境的干净、干燥，牛群密度合适，减少牛只应激。

4. 兽药管理

严格使用国家兽药主管部门批准的兽药，对所有购进的兽药产品进行产品合法性等确认登记，确保药物合法性、安全性、有效性、可追溯性。根据奶牛场奶牛疾病流行特点，依据兽药产品库存量对下月兽药产品进行订购、验收、入库、使用等。严格按照兽药贮存条件保存，定期维护兽药仓库，分类摆放整齐，标识清楚，遵循“先进先出”原则，进出库记录准确清晰，确保有效保存，无过期药物、破损药物等。严格遵循休药期、弃奶期等安全使用规定，针对性用药。

5. 档案管理

根据农业部发布的《畜禽标识与养殖档案管理办法》建立奶牛个体病例档案，及时、正确记录治疗过程，可追溯，并有效完整保存。

第三节 子宫内膜炎的防治技术

一、子宫内膜炎的临床表现

子宫内膜炎按照病程分为急性和慢性两类，根据炎性渗出物的性质又分为卡他性和化脓性。有 80% ～ 90% 的奶牛在产后头两周会发生子宫腔的细菌感染。在接下来的几周里，会经历一个污染，清空，再污染的过程。在很多个体中，细菌感染将会随着子宫复旧，恶露的排出和免疫防御机制的动员而逐渐的好转。而未能好转的细菌感染将会影响子宫的正常功能，产后奶牛中有 10% ～ 20% 患临床型子宫内膜炎是由于致病菌持续存在 3 周以上而引起的。临床型子宫内膜炎同时也与组织损伤，子宫复旧延迟，子宫功能紊乱，排卵周期紊乱有关。临床型子宫内膜炎的特点是子宫流脓，它可以从被感染的动物阴道处检测出来（如图 4-4）。临床型子宫内膜炎一旦发生将会引起不孕，即使在治愈后生育能力也会下降。

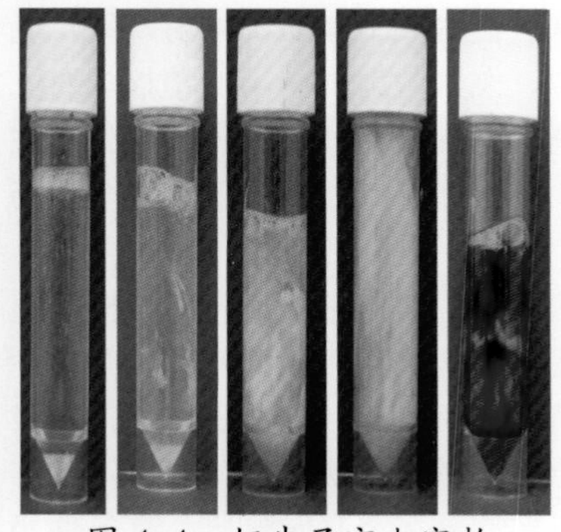
图 4-4　奶牛子宫内容物
左→右依次为正常到严重

在奶牛群体中，临床型子宫内膜炎可降低 20% 的怀孕率，延长 30 天的产犊间隔，超过 3% 的动物因为不孕而被淘汰。

二、奶牛子宫内膜炎的发病机理

目前，奶牛子宫内膜炎的发病机制并不十分清楚。奶牛产后子宫颈口开放，生殖道内的长驻菌和环境菌会污染子宫。正常的奶牛在产后 21 天内会将上述微生物排出体外从而自净。某些奶牛因物理性损伤、难产、胎衣不下、营养代谢、生殖免疫等因素的影响而发生子宫内膜炎。

子宫内膜炎发生后，炎性细胞渗透到子宫内膜表面，导致表层上皮细胞脱落和坏死，子宫内膜充血，子宫内膜中的浆细胞、嗜中性白细胞和淋巴细胞增加。炎性渗出物积聚在子宫，且 70% ～ 75% 的感染扩散到输卵管。子宫内膜炎发展成脓性子宫炎时，子宫内积聚了相当数量的脓性分泌物（如图 4-4），由于子宫颈口关闭，分泌物不能排除，导致子宫扩张等。

三、奶牛子宫内膜炎的预防

奶牛子宫内膜炎的发生主要是由外界环境条件差、助产和人工授精过程中操作不当、自身代谢紊乱、营养供给缺乏或不平衡造成。当奶牛所处环境中微生物大量繁殖，奶牛自身抵抗力降低时常常发生子宫内膜炎。一般认为本病是条件致病菌引起，因此重点搞好预防，做好环境卫生则尤为重要。子宫内膜炎的预防应注意以下几点。

（一）加强饲养管理，增强奶牛抗病能力

要按奶牛的不同生长阶段制定营养水平，尤其应重视处在干乳期和怀孕后期奶牛的日粮平衡，要注意钙、磷、锌、铜和维生素 A、维生素 D、维生素 E 等矿物质和维生素的供应。要搞好环境卫生，产房应经常清扫和消毒，保持清洁、干燥的良好卫生条件。

（二）人工授精要严格遵守操作规程

人工授精要严格遵守兽医卫生规程，输精用的输精器、外套等物品要严格进行消毒，母牛外阴消毒应彻底，以避免诱发生殖器官感染。同时，人工授精时切忌频繁和粗暴地进行操作，防止对阴道及子宫颈黏膜的损伤。

（三）加强围产期奶牛的饲养管理与保健措施

围产期奶牛应注意营养的平衡与供应，防止胎衣不下、产后瘫痪等疾病的发生，临产前 2 周奶牛应转入产房单独饲养，并进行健康检查。产房、产床应清洁卫生，严格消毒。在奶牛临产时应对其后躯、外阴消毒，并做好接产的准备工作，助产操作应规范，防止产

道损伤和感染的发生。产后奶牛应加强护理与保健，以尽快恢复体力，要注意观察奶牛健康状况，产后奶牛可静脉注射葡萄糖和葡萄糖酸钙，肌肉注射催产素防止胎衣不下的发生。在产后 24 ～ 48 小时，应子宫内投药一次，以预防产后子宫感染的发生。如果产后 12 小时奶牛胎衣仍未脱离，即可确定为胎衣不下患牛，此时应积极采取药物注入等措施进行治疗，产后 1 周内应注意母牛外阴及后躯的卫生，在产后 2 周临床正常牛可转出产房，在产后 1 月内应注意预防产后瘫痪、乳房炎、酮病等疾病的发生，尤其应密切重视奶牛胎衣及恶露的排出情况，若发现异常应尽早进行治疗。

（四）坚持早发现、早治疗的原则

奶牛子宫内膜炎多在产后 2 周内发生，且多为急性病例，如不及时治疗，则易造成炎症的扩散，从而引起子宫肌炎、子宫浆膜炎、子宫周围炎，或转化为慢性炎症，此外，随着子宫颈口的收缩等产后生殖器官及其功能的恢复，也会给炎症的治疗增加难度，因此，必须密切观察产后奶牛子宫的发展状况，对子宫内膜炎病牛力争做到早发现，早治疗，以避免错过理想的治疗时机。

四、案例

治疗子宫内膜炎的方法很多，但真正在农户家中或是牛场中推广使用的却很少。其中抗生素药物仍然是首选。

中药具有抗生素药物无可比拟的优越性，其不仅可以治疗子宫内膜炎，还能对奶牛身体进行调理，具有治标治本的功效。

（一）聚维酮碘泡腾片

1. 技术要点

聚维酮碘泡腾片主要成分为聚维酮碘，不含抗生素，无致耐药性，对人畜无毒害作用。聚维酮碘是 1- 乙烯基 -2- 吡咯烷酮均聚物与碘相结合形成的一种无定形的可溶性复合物，碘的杀菌效果缓慢释放，避免碘对黏膜的刺激作用，有利于炎症组织的愈合。聚维酮碘泡腾片置于阴道中，泡腾片在大量泡沫产生的同时，增加了药物与阴道、宫颈黏膜的皱褶深部的接触，充分发挥其治疗作用。

2. 增产增效情况与案例

本制剂曾经分别在武汉市、宜昌市、南京市及句容市等地区的 11 个牧场做试验，将 1299 头患阴道炎的奶牛用聚维酮碘泡腾片治疗为试验组，将 580 头患阴道炎的奶牛用常用的抗生素——金霉素和土霉素治疗为阳性对照组，将 60 头患阴道炎的奶牛在同等条件下不作处理为空白对照组，考察比较聚维酮碘泡腾片对奶牛阴道炎的临床治疗效果。结果表明：聚维酮碘泡腾片的治愈率达 83.76%，较土霉素、金霉素和空白对照组的治愈率分别提高 44.5%、48.8% 和 78.2%。

一个治疗周期内，治疗药物费用比常规疗法节约了 24 元 / 头，免去使用抗生素治疗后的停药期内的牛奶不能进入奶罐的损失，再加上节约了饲料费用和人工费用，每头牛总共节约 480 元左右，且该技术产品本身制备工艺简单、用药时操作方便等特点，易掌握。同时，该产品不含抗生素，符合市场需求。

（二）溶菌酶泡腾栓与中药控释中空栓剂

1. 技术要点

栓剂剂型具有作用迅速，疗效好，应激小，成本低等优点，所以在中药和溶菌酶联合用药时选用了新型的栓剂剂型，将溶菌酶做成泡腾栓形式，不仅可以迅速的释放溶菌酶而且可以增加药物与子宫的接触面积。将中药煎剂做成具有控释作用的中空栓的形式，使中药的释放时间与溶菌酶的作用时间分开，避免溶菌酶与中药煎剂混合造成的药效下降。在考虑到中药的起作用时间和综合治疗效果的基础上，加入新型的生物制剂溶菌酶。溶菌酶是天然的生物制剂，具有抗生素无法比拟的优势，临床上通过子宫灌注给药治疗奶牛子宫内膜炎，已经取得一定疗效。因此，临床上中药与溶菌酶联合使用的，是便于操作而且造价相对低廉的新型治疗子宫内膜炎的栓剂剂型。

2. 增产增效情况与案例

本制剂曾分别在黑龙江省哈尔滨市、农垦等地区的 6 个牧场做过试验，将 851 头患阴道炎的奶牛用溶菌酶泡腾栓与中药控释中空栓为试验组，将 376 头患阴道炎的奶牛用溶菌酶泡腾栓与不具备缓释功能的中药栓间隔 24 小时分批给药治疗为阳性对照组，将 53 头患阴道炎的奶牛在同等条件下不作处理为空白对照组，考察比较溶菌酶泡腾栓与中药控释中空栓对奶牛阴道炎的临床治疗效果。结果表明：溶菌酶泡腾栓与中药控释中空栓的治愈率 75.53%，高于阳性对照组的 51.63%，表明溶菌酶泡腾栓和中药控释中空栓的物理性状均符合国家 2005 版药典规定，无论是泡沫量和泡腾持续时间上都达到了理想效果。

第五章 环境控制技术

第一节 标准化奶牛场的规划设计技术

一、主要技术内容

（一）奶牛场标准化建设的基本要求

生产经营活动，不得位于法律、法规明确规定的禁养区。

生鲜乳生产、贮存和运输符合《乳品质量安全监督管理条例》和《生鲜乳生产收购管理办法》的有关规定。

奶牛存栏 200 头以上。

养殖设施标准化。奶牛场选址布局科学合理，圈舍、饲养和环境控制等生产设施设备满足标准化生产需要。

防疫设施标准化。防疫设施完善，科学实施奶牛疫病综合防控措施。对病死奶牛实行无害化处理。

粪污无害化处理。奶牛粪污处理设施齐全且运转正常，实现粪污资源化利用或达到相关排放标准。

（二）奶牛场标准化建设布局规划

1. 选址与建设

（1）选址

距村镇工厂 500 米以上，场址远离主要交通道路 200 米以上；远离屠宰、加工和工矿企业，特别是化工类企业，远离噪音。地势高燥、背风向阳、通风良好、给排水方便。

（2）基础设施

水质符合《生活饮用水卫生标准》（GB 5749—2006）的规定；水源稳定。电力供应充足，交通便利，有硬化路面直通到场。

（3）场区布局

在饲养区人员、车辆入口处设有消毒池和防疫设施。场区与外环境隔离；场区内生活区、生产区、辅助生产区、病畜隔离区、粪污处理区划分清楚。犊牛舍、育成牛舍、泌乳牛舍、干奶牛舍、隔离舍分布清楚。

（4）净道和污道

净道与污道、雨污严格分开。

2. 设施与设备

（1）牛舍

建筑紧凑，节约土地，布局合理，方便生产。牛只站立位置冬季温度保持在 -5℃以上，夏季高温季节保持在 30℃以下。墙壁坚固结实、抗震、防水防火。屋顶坚固结实、防水防火、保温隔热，抵抗雨雪、强风，便于牛舍通风。窗户面积与舍内地面面积之比应小于 1 : 12。牛舍建筑面积 6 平方米 / 头以上。运动场面积每头不低于 25 平方米；有遮阳棚。

（2）功能区

管理生活区包括与经营管理、兽医防疫及育种有关的建筑物，与生产区严格分开，距离 50 米以上。生产区设在下风向位置，大门口设门卫传达室、人员消毒室和更衣室以及车辆消毒池。粪污处理区设在生产区下风向，地势低处，与生产区保持 300 米卫生间距。病牛区便于隔离，单独通道，便于消毒，便于污物处理等。对于疫病控制，有隔离设施和传染病控制措施。辅助生产区包括草料库、青贮窖、饲料加工车间，有防鼠、防火设施。

（3）挤奶厅

挤奶厅布局应方便操作和卫生管理。在挤奶台旁设机房、牛奶制冷间、热水供应系统、更衣室、卫生间及办公室等。有与奶牛存栏量相配套的挤奶机械，完全使用机器挤奶，输奶管道化。挤奶位数量充足，每次挤奶不超过 3 小时，设立待挤区，宽度大于挤奶厅。挤奶区、贮奶室墙面与地面做防水防滑处理。收奶区排水良好，地面硬化处理。贮奶室配备贮乳罐和冷却设备，挤乳 2 小时内冷却到 4℃以下。为了保证非正常生鲜乳（包括初乳、含抗生素乳等）可以单独存放。还要单独设非正常生鲜乳贮奶容器。

3. 环保要求

（1）粪污处理

奶牛场粪污处理设施齐全，运转正常，能满足粪便无害化处理和资源化利用的要求，达到相关排放标准。牛场废弃物处理整体状态良好。

（2）病死牛无害化处理

建有病死牛无害化处理设施，对病死牛均采取深埋等方式无害化处理。

（三）成年母牛牛舍

1. 奶牛舍类型

按照母牛舍的建筑类型，可以将其分为钟楼式、半钟楼式、双坡式牛舍。

按照母牛舍的封闭程度，可以将其分为开放式、半开放或半封闭式、封闭式牛舍 3 种类型。

严寒地区的奶牛舍型式多采用有窗封闭式，在寒冷区的奶牛舍型式较多，接近寒冷区北部边缘地带的奶牛场，多采用半封闭、半开放式奶牛舍；而位于夏热冬冷地区、温和地区的奶牛舍型式，一般都采用开放式，尤其是夏热冬冷地区的奶牛舍一般都属于棚式开放舍。而寒冷区的中部和南部，一般采用开放式奶牛舍。

2. 奶牛舍建筑结构

从建筑结构来说，严寒地区奶牛舍的典型建筑结构是钢架彩钢板砖墙建筑结构；寒冷地区的奶牛舍建筑结构，采用钢架彩钢板砖墙结构、钢架彩钢板结构的均有；在夏热冬冷地区、温和地区，全部采用轻钢架彩钢板屋顶建筑结构。适合各区域的牛舍类型及结构如表 5-1。

表 5-1 不同地区的牛舍类型及结构

<table>
<tr><th>地区</th><th>型式</th><th>钢结构</th><th>侧墙结构</th><th>顶部结构</th></tr>
<tr><td rowspan="4">东北地区</td><td rowspan="2">全封闭</td><td rowspan="4">热镀锌轻钢骨架</td><td>落地卷帘</td><td rowspan="4">钟楼式双坡式（带风帽或通风窗或侧开窗）</td></tr>
<tr><td>卷帘 + 砖墙</td></tr>
<tr><td rowspan="2">半封闭</td><td>全砖墙</td></tr>
<tr><td>聚苯彩钢保温板</td></tr>
<tr><td rowspan="2">华北地区</td><td>半开放</td><td rowspan="2">热镀锌轻钢骨架</td><td>彩钢板</td><td rowspan="2">钟楼式大跨度（带通风屋脊和采光带），如图 5-1</td></tr>
<tr><td>全开放</td><td>砖墙 + 卷帘</td></tr>
<tr><td rowspan="2">南方地区</td><td>全开放</td><td rowspan="2">热镀锌轻钢骨架</td><td rowspan="2">彩钢板砖墙</td><td rowspan="2">双向单坡钟楼式</td></tr>
<tr><td>半开放</td></tr>
</table>

3. 奶牛舍跨度

按照母牛舍舍内牛床的排列方式，可以将其分为单列式、双列式和四列式 3 种类型，图 5-2 为对头双列式开放牛舍。

拴系式牛舍的跨度通常在 10.5 ～ 12.0 米，檐高为 2.4 米。散栏式牛舍内的卧床有两列式、三列式、四列式、五列式和六列式，牛舍的跨度为 12 ～ 34 米。

在严寒地区、夏热冬冷地区中接近沿海的区域，牛舍的跨度为 24 ～ 27 米。严寒地区冬季过于寒冷，运动场内长期结冰，奶牛多数时间是在舍内活动，牛通道较宽。同时在牛舍内建造卧床，所以牛舍跨度很大。夏热冬冷地区中接近沿海的区域，为了不影响多雨天气下奶牛的躺卧和运动，牛舍内也设置卧床和牛通道。另外，由于机械刮粪板清粪的需要，也决定了牛通道 / 清粪道应该设计得宽一些。在寒冷地区、夏热冬冷地区的非沿海区域，多数牛舍的跨度相对较小，一般为 12 ～ 18 米，因为这些地区的奶牛舍，有的是在舍内和舍外同时建造卧栏，有的只在运动场遮阳篷下建造卧栏，还有的根本不建造卧栏；奶牛多数时间是在运动场活动。

图 5-1 钟楼式大跨度开放式牛舍

图 5-2 对头双列开放式牛舍

（四）育成牛舍和分娩牛舍

1. 育成牛舍

育成牛舍饲养 16 月龄以内的育成牛。育成牛一般为散养。育成牛舍结构简单，与散栏成年牛舍的结构基本相同，只是牛舍所占的面积较小，一般为 3 平方米 / 头。

2. 分娩牛舍

分娩牛舍也称产房，在规模较大的奶牛场一般都设有分娩牛舍。为方便出生犊牛哺喂初乳，一般产房和保育室在一起。产房要求冬暖夏凉，舍内便于清洁和消毒，有条件时尽量铺设垫草。产房通常有单列式和双列式两种。产房内的牛床数一般可按成年母牛的10%～13%设置，产房内产床的长度为1.9～2.5米，宽度为1.2～1.5米，每个床位都要有保定栏。颈枷高为1.5米左右。产房的粪沟不宜深，约8厘米即可。

（五）犊牛舍

断奶前犊牛一般采用单栏饲养，断奶后犊牛采用群饲。标准化奶牛场的犊牛培育设施也有多种类型：舍外犊牛岛、普通犊牛舍、舍内高架式单饲犊牛栏。

1. 舍外犊牛岛

犊牛岛是饲养犊牛的一种良好方式，应用非常广泛。常见的犊牛岛长、宽、高分别为2.0米、1.5米和2.5米。在犊牛岛内铺上稻草、锯末等垫料，以保持干燥和清洁。此外，在犊牛岛的南面设运动场，运动场的直径为1.0～2.0厘米。用钢管围成栅栏状，栅栏间距为8～10厘米，围栏前设哺乳桶和干草架。

图5-3　舍外犊牛岛

此外，除了单栏的犊牛岛，还有群居式犊牛岛，一般将2～6头犊牛在一个犊牛岛中饲养，犊牛岛和运动场的面积根据犊牛数量进行调整，例如4头规模的群居式犊牛岛室内面积为10平方米，运动场面积为10～15平方米。

在夏季炎热地区，舍外犊牛岛的屋顶隔热性能、空间大小及通风也重要。犊牛岛对于所有气候区域不一定都是最佳的，也不是同一个设计规格。对于严寒地区，特别是多风低温的情况下，犊牛岛外面长期积雪或结冰，常规设计的犊牛岛难以保证犊牛所要求的适宜温热环境。

犊牛岛也有多种型式，典型的犊牛岛如图5-3。在犊牛培育中，2月龄以前的犊牛在犊牛岛饲养。有三种类型的犊牛岛，一种是以塑料材料压制而成；另一种是以竹片和纤维等材料制成复合板，用复合板作为墙壁，用双层石棉瓦作为屋顶；第三种是夹层彩钢板为墙壁和屋顶材料，后墙壁开有小窗户，夏季打开，冬季在敞开面挂上塑料帘子。其中以夹层彩钢板为墙壁和屋顶材料的犊牛岛使用效果最好。

2. 舍内高架式单饲犊牛栏

图5-4　舍内高架式单饲犊牛栏

舍内高架式单饲犊牛栏是严寒和寒冷地区培育犊牛中值得提倡的模式。哺乳犊牛采用高架式单栏饲养，犊牛栏内铺垫草，垫草为羊草。对于出生1～2天的犊牛，在犊牛栏上方采用红外线等加热保暖（图 5-4）。

二、技术特点

标准化奶牛场的规划建设是现代奶业发展的基础，随着我国标准化示范创建工作的纵深开展，迫切需要对奶牛规模化养殖进行重新定义和规划布局。按照《畜牧法》规定，奶牛场的场址选择必须充分考虑周围环境因素，场内布局要严格划分功能区。生产区是现代化牛场的规划建设重点，是奶牛场的核心，主要涵盖成年母牛舍、育成牛舍、分娩牛舍和犊牛舍等，各牛舍间要保持适当距离，布局整齐，利于防疫。舍内的规划设计要充分考虑到保温通风、机械使用、粪污清理等管理要素，坚持简洁、环保、科学实用的目的，实现设计理念与使用效果的有机统一。

三、效益分析

我国的奶业发展起步较晚，规模化程度低，质量安全事故时有发生，原因在于设施设备的简陋和管理的滞后，现代奶业的理念还远远没有建立。目前，我国的奶牛养殖仍以散养为主，养殖效益普遍较低，亟需通过现代化的场舍建设来促进标准化规模化发展。2010年，随着国家标准化示范创建工作的实施，现代化的高标准牧场建设不断涌现，奶牛养殖设施化水平迅速提高，奶牛的养殖效益不断显现。截止到 2011 年底，全国 100 头以上的奶牛规模养殖比重达 33%，比 2008 年提高了 13.5 个百分点。示范场奶牛生产水平高，单产明显高于同区域的奶牛；奶牛繁殖效力大，产后 100 天以内的配妊率达到 75% 以上；后备牛培育好，14 月龄时 80% 以上的牛达到参配体重。

第二节 奶牛场设施化配套技术

一、主要技术内容

（一）舍内设施

1. 牛床

牛床是牛吃料和休息的场所。牛床的长度根据牛的体型、饲养方式的不同分为长牛床和短牛床两种。长牛床，牛有较大的活动范围；短牛床，牛的前身靠近饲槽后壁，后肢接近牛床的边缘，使粪便能直接落在粪沟里。短牛床的长度一般为 180 ～ 190 厘米。牛床应有适宜的坡度，一般为 1° ～ 1.5° ，以利于冲洗和保持干操。牛床分为水泥牛床、砖牛床和土质牛床等。

奶牛采用散栏饲养，为了使奶牛能舒适地躺卧和起立，牛床应保证一定的长度和面积。散栏饲养奶牛牛床面积应：泌乳牛（1.65 ～ 1.85）米 ×（1.10 ～ 1.20）米，围产期牛（1.80 ～ 2.00）米 ×（1.20 ～ 1.25）米，青年牛（1.50 ～ 1.60）米 ×1.10 米，育成牛（1.60～1.70）米×1.00米，犊牛1.20米×0.90米。散栏式牛床一般较牛行通道高15～25厘米，边缘呈弧形。

2. 饲喂空间

食槽应设在饲喂通道的两侧（或一侧），便于用车辆运送饲料，直接倒入槽内，以免二次搬运。饲槽还应在牛床的前面。食槽一般做成通槽式，其长度和牛床的宽度相同。保证奶牛足够的饲养空间，对于牛的健康和生产具有重要的作用。应根据饲养数量和牛的年龄来确定奶牛群的饲槽长度。

3. 饲料通道

在食槽前面设饲料通道，用作运送、分发饲料，应根据运料工具和操作时必须的宽度来决定其尺寸。在对头两列式散栏奶牛舍，如果采用小堆车喂料，饲料通道宽度为2.4米；如果采用机械喂料，其宽度则需4.8～5.4米。饲料通道一般要高出牛床地面10～20厘米。

4. 牛走道与清粪通道

牛舍内的清粪通道也是牛进出的通道，道路的宽度要满足运输工具的往返。散栏式奶牛舍的牛走道较宽，一般为3米，是奶牛游走的场所，并且能允许拖拉机带刮板扫除粪便。

5. 犊牛笼

也称为犊牛栏。7日龄至2月龄的犊牛采用犊牛笼单个饲养。犊牛笼由长方形的木材制成，四周栏柜用结实的五合板制成。在犊牛笼的栏底铺垫草，牛栏上吊红外线灯泡供取暖。犊牛笼的设计尺寸详见表5-2。

表5-2　犊牛栏的尺寸

	体重＜60千克	体重＞60千克
每个栏推荐面积（平方米）	1.70	2.00
每个栏面积（至少，平方米）	1.20	1.40
栏长（至少，米）	1.20	1.40
栏宽（至少，米）	1.00	1.00
栏高（至少，米）	1.00	1.00

（二）舍外设施

1. 运动场

运动场对促进牛的生长，保证牛的健康都是很重要的。运动场一般利用牛舍之间的空间距离。运动场要求平坦、干燥，有一定的坡度，易排水，周围应设排水沟。

运动场的面积，应能保证牛自由活动、休息，不能太拥挤，又要节约用地，一般为牛舍面积的2～4倍。奶牛运动场面积按成年乳牛每头25～30平方米、青年牛每头20～25平方米、育成牛每头15～20平方米、犊牛每头8～10平方米为宜。运动场按50～100头的规模用围栏划分成小区域。

运动场地面类型可以选择三合土夯实地面、立砖铺成地面、水泥地面也可采用一半水泥地面，一半泥土地面，中间设隔栏。土质地面在干燥时开放，阴雨天或潮湿时关闭；在运动场全面开放时，牛只可以自由选择活动和休息的地方。

2. 补饲槽和饮水槽

在运动场补饲，能增加牛的粗饲料采食量。补饲槽一般设在运动场边缘。补饲槽的大小依据牛群大小而定，饲槽采食面长度为 0.15 ～ 0.2 米 / 头。

运动场设水槽供牛随时饮水是必要的。饮水槽要能够保证充足的饮水供应。奶牛运动场上的饮水槽宽 0.8 ～ 0.9 米，长按每头牛 0.2 ～ 0.3 米。

3. 围栏

（1）钢筋水泥桩柱围栏

运动场周围设置钢筋水泥柱围栏。用钢筋水泥制成方形柱，高 2 米，植入土中 50 厘米，用水泥把周围埋实。柱间距 2 ～ 2.5 米，方形柱之间用直径为 20 毫米的钢筋相连，上下两根，一根离地 0.7 米，另一根离地 1.1 米。后备牛运动场的围栏要用 3 根直径 20 毫米的钢筋相连，以免牛从围栏内跑出。

（2）刺线围栏

围栏育肥场周围都要设刺线围栏，木柱的直径 10 厘米，长度 2 米，埋深部分用涂沥青的方法进行防腐。柱间距 3 米，用四道刺线。为了使各条刺线之间保持一定距离而不变形，每隔一定距离加一道撑条。具体施工程序为：挖坑、立柱、放线和紧线、绑线、编织撑条。

（三）挤奶设施与设备

1. 挤奶台的类型

奶牛场挤奶厅的挤奶台主要有 4 种类型：箱式、鱼骨式、并列式和转盘式。

（1）箱式挤奶台

箱式挤奶台属于特殊的挤奶台。采用侧面挤奶，便于挤奶工人观察奶牛。建设成本高，自动化程度要求高，适用于高产的小型奶牛场。

（2）鱼骨式挤奶台

鱼骨式挤奶台是常用的挤奶台。采用侧面挤奶，操作简单。建设成本低，可配置不同档次的挤奶控制点，维护成本较低，通常用于中小型奶牛场。

（3）并列式挤奶台

并列式挤奶台，采用在奶牛的后面挤奶，奶牛快进快出，挤奶效率较高，自动化程度要求高。建设成本昂贵，适用于大中型奶牛场。

（4）转盘式挤奶台

转盘式挤奶台，挤奶效率最高。可选择侧面或后面挤奶，用最短的时间最少的人工挤最多的奶牛。机械投入大，运转费用合理，适用于大型和超大型奶牛场。

（5）机器人挤奶系统

利用已设计好的操作程序进行运行，挤奶牛适应整套挤奶流程后几乎不需要人为对挤奶过程进行干预，这样既节约了人力成本，又减少了人为因素对挤奶过程的影响。国外牛场普遍使用。

2. 挤奶设备

在标准化奶牛场以先进的挤奶设备和严格规范的挤奶操作技术保证了原料奶的质量。

标准化奶牛场所采用的挤奶厅挤奶系统主要有：利拉伐挤奶系统（鱼骨式、并列式、转盘式、管道式）、韦斯伐利亚挤奶系统（转盘式、并列式、鱼骨式）、阿菲金挤奶系统（并列式、鱼骨式），其他的挤奶厅挤奶系统（荷兰 GM 公司挤奶系统、美国博美特转盘挤奶系统、怀卡托鱼骨式挤奶系统）也有少量应用。转盘式挤奶系统一般应用于规模较大的奶牛场。

采用自动挤奶系统，其中配置的计量系统可以准确记录每头牛每天的产奶量，自动脱杯系统可以在流量低时自动脱杯，还能够自动清洗。一些奶牛场挤奶厅配备了阿菲金在线检测系统，能够自动计量每头牛每天每次的产奶量、导电率，提前预警奶牛乳房炎的发生。

二、技术特点

养殖设施化是发展现代奶业的重要标志，是提升规模和效益的基础，针对先进的设施设备和适用的配套技术而言的。该技术重点介绍了标准化牛场的圈舍内外结构和合理化布局，提出了科学的栏舍设计思路和精细化的安装工艺，详细介绍了运动场、水槽、挤奶台等生产要素的功能和设备选型，对树立科学的牛场管理理念，推动规模化养殖的快速发展，具有积极的指导意义。

三、效益分析

奶牛场设施化的效益首先体现在管理的科学化上，合理的牛场布局和先进设备的配套使用是提高管理的基础。现代化的牛场管理，注重的是养殖各个环节的精细化，利益来自科学理念、先进设施和技术创新的集聚效应。奶牛场没有合理的功能分区，奶牛的分群饲养就无从谈起；运动场、围栏和设施配备不到位，科学饲喂便成了空谈；而缺少机械化挤奶设备的推广应用，不仅奶牛的健康、牛奶的质量无法保证，就连“规模化”也就失去了意义。所以牛场设施化的效益不仅体现在经济利益的提升上，社会效益更加巨大。

四、案例

现代牧业集团公司尚志奶牛场，使用全封闭式挤奶厅，厅内安装 80 位转盘式挤奶台。对泌乳牛日挤奶三次，严格按照挤奶厅技术规程操作。达到了生产优质牛奶的技术水平，乳脂率 3.9% ～ 4%；乳蛋白率 3.3%；体细胞数＜ 20 万个 / 毫升。

第三节 粪污处理及综合利用技术

一、主要技术内容

（一）处理原则和措施

牛场的粪污既是严重的污染源，同时又是可利用资源，应当合理选择和设计适合当地条件的粪污处理工艺，达到变废为宝、避免污染的目标。

1. 减量化收集原则

实行干清粪工艺，采取雨污分离、干湿分离等技术措施，保证固体粪便和雨水不进废水处理设施，从而削减污染总量、减轻后续处理压力。

2. 无害化处理原则

收集和处理场所无渗漏、不溢流，处理过程污染小，处理后的粪便及污水达到国家环境保护行业标准《畜禽养殖业污染防治技术规范》（HJ/T 81—2001）的要求，粪便可以再利用，出水可以达标排放或灌溉。

3. 资源化利用原则

把粪便转化为生物有机肥，用于农田、果园等作肥料，节省化肥投入，粪污经过厌氧发酵转化为沼气，尾水尽量用于农作物和经济作物的灌溉，变废为宝。

4. 可靠性和简便性原则

要求处理技术先进、工艺成熟、质量可靠，在设计中不断吸取先进技术和经验，合理处理人工操作和自动控制的关系，提高系统运行管理水平。

5. 综合效益原则

兼顾环境效益、社会效益、经济效益，将治理污染与资源开发有机结合起来，使牛场粪污治理工程产出大于投入，提高处理工程的综合效益。

（二）粪污排放量及消纳面积的计算

根据测定，一头体重为500～600千克的奶牛，每天的排粪量为30～50千克，尿量为15～25千克，污水量为15～20升。一个标准的千头奶牛场（全群1000头，其中成母牛600头），每天的排粪量约为30吨，尿和污水量约25立方米；据此推算，每月的粪、尿污分别为900吨、750平方米，全年的分别为10800吨和9000立方米。其他规模的奶牛场可按此比例，并参考饲养管理方式（如水冲式清扫、喷雾降温等），进行适当调整和推算。

消纳面积一般根据氮素进行计算，主要取决于两个因素。一是粪污含氮量，新鲜牛粪尿的含氮量分别为4.37千克/吨、8千克/吨，一个标准的千头奶牛场每天的氮素排放量约为247千克，全年的排放量约为90吨。另一个因素是作物的养分（氮素）需要量，种植蔬菜和谷物一般每亩需氮素 10 千克，若每年只种一茬，则千头奶牛场需耕地 9000 亩进行粪污消纳，种两茬则需要 4500 亩耕地；种植果树一般每亩每年需氮素 20 千克，千头奶牛场需 4500 亩果园进行配套。

（三）粪污的收集与预处理技术

粪污的收集要遵循减量化、无害化原则，采取干清粪工艺，对粪污分别收集、分别处理。

1. 粪污收集

粪便采取干清粪工艺，即将干粪由人工或机械进行清扫和收集，然后运送至存放或处理地点。干清粪的优点是可以最大程度地收集粪便，有利于后续的加工和处理，产生的污水量较少，且降低了污水中的固形物，大大减轻污水的处理压力。

污水采用沟渠或管道自流，进入污水池进行后续处理。所有收集通道都要进行防渗处理，防止污染地下水，沟渠还需加盖，做到雨污分离，减轻后续处理量。

粪便和污水的存放及处理地点，需建造遮雨棚，避免雨水进入。堆粪场及污水池的体积根据饲养量和处理工艺（贮存期）确定，当贮存期为 1 个月时，存栏 1000 头的奶牛场，需要堆粪场 900 立方米、污水池 750 立方米，其中污水池还需加上高度为 0.9 米的预留体积（暂不考虑降雨）。

2. 粪便脱水

有些后续处理工艺要求粪便的含水量不能过高，需要进行脱水处理。粪便的脱水方法有自然干燥和高温快速干燥两种，前者是将粪便置于晒场，摊薄晾晒进行脱水，适用于降水少、空气干燥、地广人稀的地方采用；后者是用干燥机进行人工干燥，此法虽简便快捷，但耗能高、气味污染大、肥效一般，除非后续产品附加值高，一般不主张采用。

3. 固液分离

（1）自然沉降法

建造沉淀池，采用重力分离原理进行固液分离，适用于污水中固形物较少者。沉淀池最好为辐流式，主流池与分流池呈扇形分布，各池之间装隔栅，便于提高分离效果。定期对沉降池进行清污，即可将固体部分分离出来。此法的投资和运行成本都很低，适用于粪污量较少的小型养牛场。缺点是分离出的固形物含水量高，需要与其他方法组合使用。

（2）斜板筛法

购买或自行设计制作斜板筛分离机，粪污在斜板筛上往下流时，污水可通过筛孔漏下、进入管道，实现分离。适合与自然沉降法配套使用，也可用于水冲式清粪工艺的固液分离。斜板筛分离机设备成本低，结构简单、维修方便，而且是采用粪污自流，不需电力，运行费用很低；其缺点是固体中的含水量较高，筛板网眼大时分离效率低，筛孔易堵塞、需经常清洗。

（3）挤压法

购买挤压式分离机，通过压榨作用进行粪污分离。非常适用于降低粪便的含水率。此法具有自动化水平高、处理量大，操作简单、易维护，分离效果好等优点；缺点是成本较高，运行过程需要电机带动，运行成本高。

（四）粪便的处理与综合利用技术

粪便的处理遵循无害化、资源化的原则，根据当地及自身条件，选择合适的处理方法。

1. 直接还田

将未发酵的牛粪，直接施入空置的农田，湿度合适时进行耕耙，粪便在土壤中进行发酵、自然熟化。此法简便易行，消纳量大，但应用时需注意以下事项：一是施肥后需尽快翻耕，避免污染，或采用专门的施肥机械，将较稀的粪便或混合粪污直接施入土层中；二是每亩地施用量不超过 5 吨；三是施肥 2 个月后方可栽培作物。

2. 堆肥

即堆积发酵，有好氧堆肥和厌氧堆肥两种工艺。最常用的是好氧堆肥，是将牛粪和辅料按一定比例进行混合，调节好含水量，通过堆积发酵制成有机肥，其操作工艺如下：

（1）加辅料

在牛粪中加入秸秆粉、草粉、米糠、玉米芯粉、花生壳粉等辅料，添加量为 1 吨牛粪加辅料 150 千克左右。为了提高发酵效率，缩短处理时间，也可以添加一些生物发酵菌剂。

（2）调节含水量

发酵混合物的含水量以 40% ～ 65% 为好。含水量高时，应在混合前对粪便进行脱水处理；含水量低时，通过加水调节（可以是需处理的污水）。

（3）堆积发酵

混合均匀的发酵物进行堆积，进入好氧发酵过程。采用条垛堆积的，将混合物料在地面上堆成长条形条垛，高度一般为 1 米，长度根据情况自由调节，每星期翻一次垛（多为人工操作）。采用槽式堆积的，混合物料置于发酵长槽中，深度一般为 1.5 米，翻堆采用搅拌机操作，宽度根据搅拌机规格确定。槽式堆积处理量大，省人力，相应的投资、运行和维护成本较高，适用于规模较大的牛场采用。与前两种不同的是静态通气堆积法，即在发酵槽的底面预制数条凹槽，铺设带孔管道，堆肥以后利用正压风机，定期将新鲜空气通过管道、送入料堆内部。静态通气堆肥法处理量较大（堆体高度 2 米）、占用面积小，风机不需要连续运行，运行费用较低，适合大多数奶牛场采用，需注意的是每次堆肥前要清理管槽，并使通气管道的孔面朝向侧下方，以免堵塞。静态通气堆肥法的缺点是必须一次加满料，全进全出；而条垛堆积和槽式翻堆可以分段式连续加料，发酵完成后随时出料，运行管理更为方便和灵活。

（4）发酵时间

堆肥发酵的时间与堆积方式、外界气温密切相关。条垛堆积，冬季发酵时间为 90 天左右，夏季为 75 天，槽式翻堆和静态通气的，发酵时间比条垛堆积少 15 天。当堆心温度保持在 40℃以下，不再发生升温，物料呈褐色或黑褐色、略有氨臭味、质地疏松，发酵完成。

（5）堆肥过程中的防臭

有两种方法可以采用，一是通过翻堆和通风，增加供氧量、并适当降低堆温；二是在堆体表面均匀撒一层过磷酸钙，减少氨气的挥发。堆肥完成后，粪肥可以直接用于农田、果园、菜园等施肥，也可以添加适当的其他物料，造粒干燥，制成有机肥产品。

3. 制作有机肥产品

牛粪在堆肥完成后，根据辅料的种类和添加量，估计发酵粪肥的养分含量（必要时可专门测定），再对照目标产品的养分含量，添加适当的无机肥料（氮、磷、钾）和微量元素（硼、铁、锰、硅），还可以添加一些高蛋白物料（如菜粕、豆粕等），造粒、干燥、包装，制成有机－无机复混肥或生物有机复合肥，可广泛应用于农田、果园、菜园等种植业。

4. 生物链转化法

将牛粪经过一定处理后，添加适当辅料，通过食用菌、蚯蚓等进行生物链转化，达到牛粪的资源化利用和多产业共同发展的目标。

（1）种植食用菌

以生产双孢菇为例。工艺流程为：按双孢菇菌生产技术要求，设计生产方案和管理方案，建设架式大棚；准备牛粪、秸秆，备料上料；购买专用菌种，接种，覆盖；适时采收；采取控温方式，全年工厂化栽培（图 5-5）。

图 5-5　以牛粪为基料的食用菌棚架

（2）养殖蚯蚓

牛粪也可以用来养殖蚯蚓，蚯蚓可以养鱼、养鸡。这种方法简便，投资少。也可以建造塑料大棚，虽然投资大，但保温效果好，蚯蚓产量高。

5. 其他方法

牛粪也可以作为燃料，用于取暖、做饭，量大时还可用来燃烧发电，与燃烧垃圾发电类似。但首先要进行脱水干燥处理，所以此法的推广范围较小。

（五）污水的处理及综合利用技术

牛场污水的处理有好氧法（氧化塘、人工湿地、絮凝沉淀）、厌氧法（沼气转化）及厌氧好氧结合法 3 种。

1. 氧化塘

氧化塘治污依靠藻类和菌类的生长繁殖，好氧性细菌消耗污水中的有机质，产生氨气、磷酸、钾和二氧化碳等物质，藻类则利用这些物质进行生长，释放氧气，供好氧细菌利用，从而形成一套共生系统，持续不断地净化水体。

氧化塘的建造材料应是钢筋混凝土结构，防渗漏。因占地面积较大，一般不建造顶棚，但池壁应高于地平面，周围设引流渠，防止雨水径流进入处理池。根据不同的操作工艺，氧化塘又可分为自然塘和人工塘两种。

（1）自然氧化塘

自然氧化塘又称为稳定塘，水深一般为 0.5 ～ 1.0 米，总容积应达到每天污水量的 100 ～ 200 倍，平均气温较高的地方，菌藻生长繁殖快，容积可小些，反之容积应大一些。以千头奶牛场为例，若设计水深为 1 米，则需 4 ～ 7 亩的塘面面积。

自然氧化塘设施简单、投资小、处理工艺简便可靠、运行费用很小，缺点是废水在塘内停留时间长，占地面积较大，且北方地区冬季长，塘水结冰，影响氧化效率，处理期大大延长。此法适合小规模牛场及南方一些土地可利用面积较大的牛场。

（2）人工氧化塘

人工塘的重要单元是曝气池，池底装配管道和微孔曝气头，通过正压风机把新鲜空气鼓入池水中，增加水中含氧量，改善好氧细菌的生存环境，提高其生长繁殖速度，从而加快污水处理进程。曝气池的深度为 4 ～ 6 米，容积为每天污水量的 4 ～ 5 倍。人工塘工艺中，曝气池只是提高了氧化效率，并不能完全使污水达到排放标准，所以后续还需配套一定面积的自然氧化塘进行处理。根据曝气方式、污泥运转方式的不同，人工塘又有氧化沟、活性污泥、生物转盘、序批式活性污泥等工艺。

人工塘工艺的占地面积小、处理效率较高，但投资和运行成本大，工艺较复杂，需要专业设计和施工，运行管理的要求也较高。

2. 人工湿地

又称为水生生物塘，是人工建造的类似于沼泽的工程化湿地系统，人工控制其运行。污水在湿地中按照一定的方向流动，经过湿地中的土壤、植物、微生物的多重作用，达到净化目标。

人工湿地由多个单元池组成，靠前的池子用混凝土建造，底部做防渗处理，靠后的可以是土池，但须建水泥池埂。水深根据污水流动方式确定，平流式的水浅（0.3 ～ 0.5 米），水在表面流动；潜流式的水深（1.2 ～ 1.6 米），水在下方流动。单元池最好修建为长方形，面积 800 ～ 1000 平方米，长宽比例 3:1 至 4:1 左右（例如 60 米 ×15 米）。若形状不规则，应尽量减少水流死角。人工湿地的总面积和单元数取决于养殖规模和污水量，按平均 3 个月的处理期计算，污水容量应为日污水产生量的 90 倍。

在运行的初期，湿地的底部需填基料（由土、沙、砾石等混合组成），便于种植挺水植物，可以选择的挺水植物有芦苇、茭白、水葱、菖蒲、香蒲、灯心草等。待进水后，还可移植浮水植物（凤眼莲、浮萍、睡莲等）和沉水植物（伊乐藻、茨藻、金鱼藻、黑藻等），以形成立体生态网，提高净化效率。水葫芦和水花生的净化效果也很好，但二者均属于外来入侵物种，若当地已有该物种存在，可以在人工湿地中使用，否则不能引种和移栽。水生物种的选择首先应考虑适应性，其次是经济性和美观性，做到治理污染、经济美观和生态防护一体化。水生植物应定期收割或打捞，用于造纸、编织，或沤制绿肥等。

人工湿地也可与氧化塘结合应用，一般位于体系的最末端，氧化处理后的尾水经过水生植物塘的过滤，即可达标排放。经过人工湿地处理后的污水，可以达标排放，也可以用作圈舍冲洗、农田灌溉、养鱼、种植莲藕等多种用途，是较理想的污水处理方式，适合多数地区采用。但北方地区在寒冷季节时，池水结冰，大大影响处理效果，而且单元池的进、出水管应设置阀门，底部设放空阀，管道加装防冻措施。

3. 絮凝沉淀

在一些对污水处理要求较高的地区，若经氧化塘和水生生物塘处理后的尾水仍达不到排放要求，就需要进行絮凝沉淀处理。其原理是在水中添加絮凝剂（如石灰、硫酸亚铁、碱式氯化铝、聚合三氯化铁、聚丙烯酰胺等），与水中未处理完全的物质发生凝集反应，形成沉淀物，达到净化目的。

絮凝沉淀处理体系由加料与混合搅拌池、混凝反应池、沉淀池等单元组成。配制好的絮凝剂溶液，按比例投放到混合搅拌池中进行充分搅拌，然后进入混凝反应池，形成絮凝体。混凝反应池要求流速不高于 15 厘米 / 秒，时间不少于 30 分钟。混凝反应后进入沉淀池进行最后的沉淀。

絮凝沉淀法占地面积小，处理效率高，但投资较大，运行费用高，而且应与其他方法结合、在其他体系的下游采用，以节约絮凝剂成本，提高混凝反应效果。

4. 沼气转化法

沼气工程是近年来推广较为广泛的粪污处理方法，其利用厌氧发酵技术，将粪污中的有机质转化为可燃烧的沼气，达到处理目标。一个完整的沼气工程由预处理、沼气发酵、贮存净化和利用、后处理等四个单元组成。

沼气工程可以将粪污转化为便于利用的沼气，也可以发电，但是其投资较大，设计、施工、运行、管理和维护等过程都需要专业人员的参与，沼气的使用也需要专业人员的培训和指导。另外，沼气的产量受温度的影响很大，且与使用季节相矛盾，夏季产量高，但需求少，冬季采暖对沼气的需求大，产量却很低。发酵后大量的沼液和沼渣同样需要再次处理和利用。经过沼气发酵后的沼液，也可以按照好氧处理方法，经过自然塘、人工塘或人工湿地进行无害化处理，安全排放。沼渣可以和粪便一起，进行脱水、好氧堆积发酵、生产有机肥等处理。除饮水外，挤奶厅是奶牛场用水量最大的地方，主要是地坪冲洗、奶牛乳房清洗、挤奶设备（管道）及奶罐清洗。因粪污量小、用水量大，挤奶厅的冲洗水经过过滤和沉淀处理后，可以用于牛床冲洗。

根据牛场规模和产奶牛数量，估计挤奶厅冲洗水的日产量，或在挤奶厅的进水管上安装水表，通过水的消耗量来估计。冲洗水当日产生、当日或隔日处理利用，不能放置太久。冲洗水的处理池及贮存池按两天的来水量来设计和建造，入池前的排水沟设置两个沉降口，去除较大的固形物，处理池入口进行两次过滤，在处理池内沉降后进入储存池。一般采用移动式加压冲洗，在农用车上安装水箱和水泵，装水后添加漂白粉等进行消毒，机械动力，随走随冲洗。

本项技术实现了水资源的循环利用，比传统的水冲式清粪工艺节约用水。缺点是冲洗牛舍后的污水需要再次处理。

二、技术特点

本技术详细介绍了牛场粪污的处理原则和措施、粪污排放量及消纳面积的计算、粪污的收集与预处理技术、粪便的处理与综合利用技术、污水的处理及综合利用技术，基本涵盖了牛场粪污处理的全过程。

牛场粪污的处理原则和措施，对奶牛场的粪污处理具有指导性意义。粪污排放量及消纳面积的计算，是设计粪污处理工程（设施）的基本参数。通过粪污的减量化、无害化收集，可以减轻后续处理压力，粪污的预处理是后续处理的前置条件。

粪便直接还田法简便易行，消纳量大；堆肥法是制作有机肥的重要环节，施用有机肥能提高土壤有机质和有益微生物种群、改良和修复土壤，增加作物产量，改善农产品品质，保护农田生态环境，对改变现有的以施用化肥为主的农业生产现状具有重要意义。生物链转化法可以达到牛粪的资源化利用和多产业共同发展的目标。

在污水的处理中，自然氧化塘设施简单、投资小、处理工艺简便可靠、运行费用很少；人工塘工艺的占地面积小、处理效率较高；人工湿地处理效果好，尾水可以达标排放，也可以用作圈舍冲洗、农田灌溉、养鱼、种植莲藕等多种用途，是较理想的污水处理方式；沼气工程可将粪污中的有机质转化为可燃烧的沼气，变废为宝。

三、效益分析

奶牛场粪污的处理，一般很难产生明显的收益，其效益主要体现在生态效益方面，即通过无害化处理，减少或消除对环境的不利影响。

在牛粪的处理上，如果生产有机肥，其生产成本约为 500 ～ 550 元 / 吨，而销售价格一般为 600 元 / 吨左右，很难有明显的经济效益。由于有机肥的用量较大，种植户所要投入的运费和人工费要大大超过使用化肥的费用，因此，在没有绝对的价格优势和导向性政策的带动下，有机肥的生产和推广也存在一定难度。有些省份已经开始对有机肥生产实施一定补贴，这可以在一定程度上弥补处理成本，促进该产业的发展。

四、案例

湖北（宜昌）京都奶牛场

主要处理工艺：好氧堆肥，生产有机复合肥；沼气工程；氧化塘加水生植物塘。

该场奶牛存栏 1200 头，实行干清粪工艺收集粪便，雨污分离，固液分离。粪便采用好氧堆肥法，发酵槽堆积，智能翻抛机进行定期翻堆，年产生物有机复合肥 2 万吨，除用于当地的农田、果园、茶园外，还销往陕西、福建等地。污水采用 500 立方米的梯级串联沼气池厌氧发酵处理，生产沼气供牛场内外利用，沼液、沼渣及未经沼气处理的污水经氧化塘（序批式活性污泥法氧化塘）处理，水生植物塘过滤净化，灌溉周围农田，污水日处理量 40 吨。

第六章 综合配套技术

第一节 生鲜乳质量控制技术

一、主要技术内容

（一）饮水与饲料质量控制技术

1. 饲料与饲草质量控制技术

饲料与饲草（含青、黄贮饲草）是奶牛的主要食物，其质量的好坏直接影响着牛奶的质量。奶牛混合精料中违规使用添加剂，饲料饲草中污染物超标、霉变腐败是影响牛奶质量的重要因素。优质与发霉牧草的外观比较。

饲料与饲草的霉变主要是霉菌滋生引起的，霉菌产生霉菌毒素，是奶牛饲料与饲草的主要污染源之一。霉菌主要包括：黄曲霉菌、寄生曲菌、疣孢青霉菌、轮孢镰刀菌、禾谷镰刀菌、拟枝孢镰刀菌等，以黄曲霉菌为主。黄曲霉菌产生的黄曲霉菌 B1 经过代谢，其毒性仅略微降低，而禾谷镰刀菌产生的玉米赤霉烯酮经过代谢，其产物 α－玉米赤霉烯醇的毒性反而升高 10 倍。

据统计，全球约 25% 的粮食作物被霉菌毒素污染（WHO，2002）。食用霉菌污染的饲料，每年使美国畜牧业遭受 10% 以上的经济损失。在我国特别是南方，损失更大。

霉菌最适产毒条件为温度 25℃左右，相对湿度 80% ～ 90%，在我国北方和南方都普遍存在，特别是南方发生几率更高。多数霉菌都能引起饲料的发霉变质，不仅使饲料的营养价值大大降低，适口性变差，发霉严重者毫无营养价值，而且用其饲喂动物还可造成动物内脏受损，生长停滞，甚至中毒死亡。

（1）饲料与饲草质量的控制

①饲料中不得随意添加法规许可外的添加物质：以谷物类为主的奶牛混合精料禁止使用动物源性饲料原料；蛋白类、维生素类、矿物类浓缩预混饲料严禁添加非法添加物，中草药添加也要严格控制。

通过加强管理防止饲料霉变：

A. 严把原料质量关：控制好生产精饲料的各种原料的质量，原料本身没有霉变，水分不高于 12%。

B. 干燥通风：贮存饲料的仓库要保持干燥，饲料下面最好安放 10 厘米以上的垫底，有条件的仓库垫底周围可放置一些生石灰等，上方及周围要有空隙，使空气能充分流通，仓库内还可安装排气风扇加强通风。

C. 密封贮存：将饲料用塑料袋密封贮存，利用微生物呼吸作用造成袋内缺氧，可以一定程度抑制霉菌的繁殖。

D. 定期检查仓库里的饲料：各种饲料与饲草都不宜贮存过久，特别是高热高湿地区更应加强周转，贮存较久的要定期检查含水量。

②通过添加防霉制剂防止饲料霉变：饲料用防霉剂能降低饲料中微生物的数量、控制微生物的代谢和生长、抑制霉菌毒素的产生，预防饲料贮存期营养成分的损失，防止饲料发霉变质并延长贮存时间。防霉剂主要成分包括季铵盐衍生物、卡松、表面活性剂、增效剂等。防霉剂有酚类（如苯酚）、氯酚类（如五氯酚）、有机汞盐（如油酸苯基汞）、有机铜盐（如 8- 羟基喹啉铜）、有机锡盐（如氯化三乙或三丁基锡等），及无机盐硫酸铜、氯化汞、氟化钠等。

在秋冬等干燥和凉爽季节，饲料水分在 11% 以下，一般不必使用防霉剂；而水分在 12% 以上就应适量使用防霉剂，且饲料中水分较高以及高温高湿季节还应提高防霉剂的用量。在我国南方地区，常年湿度较高，特别是夏季，高温高湿持续时间长，应优化仓库结构，加快饲料饲草周转的同时合理使用防霉剂。

A. 防霉剂的正确选择：饲料中使用防霉剂必须在有效剂量的前提下，不造成动物急、慢性中毒和药物超限量残留；无致癌、致畸和致突变等不良作用；不能影响饲料原有的口味和适口性。乙酸、丙酸等有机酸类挥发性较大，容易影响饲料的口味，因此选用其盐类或酯类效果要好些。理想的防霉剂有以下几个特点：抗菌谱广、防霉能力强、易与饲料均匀混合、经济实用。一般情况下，丙酸盐和一些复合型防霉剂是首先考虑的种类。

B. 根据实际情况灵活使用防霉剂：影响防霉剂作用效果的因素有很多，如防霉剂的溶解度、饲料环境的酸碱度、水分含量、温度、饲料中糖和盐类的含量、饲料污染程度等。根据季节和水分含量来决定是否使用和使用量。

C. 防霉剂与抗氧化剂联合使用：饲料的发霉过程也伴随着饲料中营养成分的氧化，一般防霉剂都应与抗氧化剂一起使用，组成一个完整的防霉抗氧化体系，有效延长贮存期。

③草捆防霉技术：苜蓿、羊草等刈割后不能直接打捆，要晾晒到适宜的水分含量时再打捆贮运。

对水分含量达标的草捆进行塑料膜密封贮运，既方便运输和贮存，又利于防霉保质，应广泛推广运用。对于较高水分的干草一般不宜打捆。必须打捆时，应采用一些技术措施比如添加防霉剂等。苜蓿干草在较高水分（25% ～ 28%）条件下打捆贮藏，添加 3% 氧化钙和 0.4% 陈皮的处理效果较佳，也可添加复合型天然防霉剂，比如添加氧化钙 1%、陈皮 0.3%、沸石粉 2%。复合型天然防霉剂能够有效保存苜蓿干草营养成分（干草捆的粗蛋白质含量达 17.09%，总可消化养分为 58.21%），防霉效果显著（霉菌数量为 5.74×103 个 / 克）。

④青贮饲料的防霉技术：青贮饲料的防霉主要是提高青贮的质量，必要时加入防霉制剂。在制作青贮饲料时，注意以下要点。

A. 适时收割秸秆，防止受霜冻。

B. 秸秆水分不应太高，一般在 60% ～ 70% 较好。

C. 将秸秆切碎，长度在 1.0 ～ 2.0 厘米较好。

D. 存放时充分压紧，每立方米存放 700 ～ 800 千克较好。

在取用青贮饲料后，最好用塑料布将青贮饲料表面盖好压实不通气。在制作青贮饲料时，添加丙酸、己酸、山梨酸等添加剂，用于抑制二次发酵，抑制极大多数霉菌的繁殖，但添加量不高于1%。

(2) 饲料与饲草中的污染物控制

重金属污染在生鲜乳生产中日益受到重视，牛奶中的重金属污染主要是来源于饲草料中的汞、砷、铬、硝酸盐和亚硝酸盐的污染。世界上主要奶业发达国家对生鲜乳中重金属污染物的含量都有限制，我国对几种主要污染物的限量见表6-1。

表6-1 我国对无公害生鲜乳中污染物的限量规定

污染物	总汞	无机砷	铅	铬	硝酸盐	亚硝酸盐
单位（毫克/千克）	0.01	0.05	0.05	0.3	8.0	0.2

大部分生鲜奶中的污染物是通过采食饲料和饲草而来，而饲草饲料中的污染物主要来源于土壤和农作物农药的残留、非法或超标使用各类添加剂。使用未受污染的饲草饲料，按标准使用各类饲料添加剂，减少奶牛饲料添加剂特别是阿散酸、洛克沙生等的使用，是降低生鲜奶中污染物的有效手段。

农药残留是生鲜乳污染的重要因素之一，农药残留指农药喷洒后留在作物表面及周围环境中的农药及有毒代谢物、降解转化产物和反应杂质的总称。牛奶中的农药残留是指植物、水和环境中农药残留在奶牛体内富集后向牛奶中转化的物质。全球各国对牛奶中农药残留限量400多种，在400多种限量物中，杀虫剂和除草剂大约占总量的70%。所以，严格使用杀虫剂和除草剂是控制饲料特别是饲草中农药残留的重要措施。我国牛奶中3种主要农药残留的限量详见表6-2（GB 2763—2005）。

表6-2 我国牛奶中3种主要农药残留的限量

药名	限量（毫克/千克）
六六六（HCH）	0.02
林丹（lindane）	0.01
滴滴涕（DDT）	0.02

2. 饮用水质量控制技术

饮水是生鲜乳污染的又一重要环节。按照国家标准化奶牛养殖场建设标准，标准化奶牛场奶牛饮水质量应符合NT 5027—2008《无公害食品畜禽饮用水水质》，强制奶牛场奶牛饮水执行GB 5749—2006《生活饮用水卫生标准》。

饮用水水质标准是为维持机体正常的生理功能，对饮用水中有害元素的限量、感官性状、细菌学指标以及制水过程中投加的物质含量等所作的规定。20世纪20年代美国首先提出饮用水标准，我国在1956年首次制定《饮用水水质标准》，后经多次修订，卫生部和国家标准化管理委员会2006年对原有标准再次进行了修订，联合发布新的强制性国家《生活饮用水卫生标准》（GB 5749—2006），该标准规定自2012年7月1日起全面实施。

随着人们对生鲜奶质量要求的提高，奶牛场奶牛饮水采用《生活饮用水卫生标准》

(GB 5749—2006)是大势所趋，也是保障生鲜乳质量的重要措施之一。

(二)奶牛群体质量控制技术

1. 牛场综合管理

生鲜乳的质量受牛群健康状况、牛场环境卫生、工作人员健康状况等的影响。加强牛场综合管理，提高牛群整体健康水平，减少人畜交互感染利于提高生产水平，提高生鲜乳的质量。

第一，合理选择牛场建设地址、科学布局、合理安排牛位和建造牛床、提高饲喂水平，为牛群创造一个舒适的生活生产条件，提高奶牛福利，提高奶牛群体健康水平，增强抵御疾病的能力，既可以减少治疗疾病的药物残留，还可有效提高奶牛生产水平。

第二，提高饲养管理水平，降低各类代谢疾病的发生，降低奶牛乳房炎和隐性乳房炎的发病率，可使牛奶质量得到有效改善。

第三，加强牛场卫生综合治理，及时清除粪污，可减少场区空气中细菌及微生物的污染。加强牛场蚊、蝇、鼠的灭杀，能减少各种病菌的传播，减少病菌进入牛奶中。

第四，对牛场工作人员特别是挤奶操作人员和饲养人员，要定期进行体检，持有健康证的才能上岗。人员的体检除常规检查以外，还要专门检查布病和结核病。

第五，积极参与DHI，充分利用DHI测定的乳成分和体细胞数据加强牛场管理，监控牛奶质量，及时调整饲养管理技术措施。

2. 兽药残留控制

牛奶中的兽药残留是生鲜乳质量控制的又一重要环节。兽药残留指奶牛健康状况受到威胁后，使用兽药进行治疗，药物经泌乳进入鲜奶中的药物原型以及有毒的代谢物和药物杂质。

(1)生鲜乳中兽药残留的主要来源

①不按规定使用兽药和饲料药物添加剂。

②正常使用治疗用药(比如，治疗乳房炎使用抗生素)、疫苗注射(比如口蹄疫)、驱虫用药(阿维菌素、伊维菌素)带来生鲜乳药物残留。

③没有严格遵守休药期规定。

④非法使用违禁药物：氯霉素、己烯雌酚、雌二醇、克伦特罗等。

⑤兽药使用方法不当：用药剂量、用药部位、给药途径错误；大剂量、作为饲料添加剂长期滥用等。

⑥把人用药作为兽用药。

为加强兽药残留监控工作，保证动物性食品卫生安全，根据《兽药管理条例》规定，农业部组织修订了《动物性食品中兽药最高残留限量》，通过农业部235号公告予以发布。

(2)药物残留控制的技术方案

①按规定使用药物。

②在药物的使用过程中禁止人药做兽医用药；在病牛治疗过程中不使用国家规定禁用药物。

③对抗生素类药物专柜存放登记管理，严格按规定用药。《农业部办公厅关于印发生

鲜乳抗生素残留专项整治方案的通知》（农办医〔2010〕17 号）中的《奶牛常用抗生素产品清单》明确了各种抗生素药物的用法用量和弃奶期，规定了主要抗生素药物的弃奶期为 3 日。弃奶期满后，还要对病牛生产的鲜奶进行药物残留检验，符合规定后方可用作为商品原料奶。

④奶牛饲料中禁止使用含抗生素类的添加剂。

（三）安全挤奶技术

安全挤奶技术就是控制挤奶过程中产生二次污染的规范性技术。全面推进机械化挤奶替代手工挤奶，是保障生鲜乳质量的重要环节。手工挤奶劳动强度高，操作技术难以规范，工作效率低下，清洁卫生难度大，是造成坏奶的直接原因之一。

我国目前使用的机械挤奶设备主要有两种类型：移动式和固定式。移动式主要指手推挤奶车；固定式主要指有专用固定输奶管道、有固定挤奶牛位的设备（包括并列式、单列式、转盘式）。随着奶牛场向规模化、标准化发展，固定挤奶设备得到广泛运用。固定式挤奶主要有以下几个优点：一是工作效率高；二是便于清洁；三是便于牛场管理；四是封闭的牛奶流通环境，减少二次污染。使用机械挤奶主要有两个技术要领，一是设备的洁净，二是挤奶操作的规范。严格按照国家标准化奶牛场挤奶及设备管理与维护技术要点操作，控制挤奶过程中的二次污染。

1. 加强设施设备管理

奶牛场应有与奶牛存栏量相配套的挤奶机械；挤奶厅布局方便操作和卫生管理；挤奶厅干净整洁无积粪，挤奶区、贮奶室墙面与地面做防水防滑处理；挤奶器内衬等橡胶件及时更新并做好记录，奶罐要保持经常性关闭；输奶管、计量罐、奶杯和其他管状物要保持清洁并加强维护，贮奶罐保持经常性关闭；完全使用机器挤奶，输奶管道化。

2. 加强工作人员管理

建立完善的挤奶卫生操作制度，挤奶工人和管理人员工作服干净，挤奶过程中挤奶工手和胳膊要保持干净。

3. 加强挤奶过程的管理

挤奶前后两次药浴，一头牛用一块毛巾（或一张纸巾）擦干乳房与乳头；将前三把奶挤到带有网状栅栏的容器中，观察牛奶的颜色和形态，对生产牛奶颜色和形态不合要求的奶牛、生产非正常生鲜乳（包括初乳、含抗生素乳等）的奶牛要下架单独挤奶并设单独贮奶容器。

4. 加强挤奶记录工作

按检修规程及时检修挤奶设备，检修情况要记录。

（四）生鲜乳管理技术

1. 严禁在鲜奶中非法使用添加物

在牛奶中使用添加物，主要目的是增加牛奶重量、提高蛋白质，或者是为了牛奶保鲜。如水、三聚氰胺等；保鲜如甲醛、过氧化氢、硫氰酸盐、纳他霉素、苯甲酸盐、二氧化氯等。

在生鲜乳中人为添加其他物质，严重影响质量安全，这种做法是严重违反国家相关法律法规的行为，要坚决取缔。根据国家对生鲜乳的相关规定，为控制生鲜乳质量，严禁在其中添加任何物质（包括水）。

2. 存贮与运输的污染控制

加强牛奶的存贮与运输管理，防止牛奶遭受二次污染是生鲜乳质量控制的又一重要环节。做好输奶管、贮奶桶、贮奶罐、运输罐的清洗，保持设施设备的洁净是存贮与运输环节污染控制的关键。

通过移动式小型机械设备挤奶，要确保设备的洁净，在每次挤奶前和挤奶后都要彻底清洗，贮奶桶灌装到一定高度后要及时转运到贮奶罐，不在贮奶桶中长时间保存。

贮奶桶与贮奶罐都必须采用不锈钢材质，不得用塑料及其他材料。

固定式挤奶台旁边应设有机房、牛奶制冷间、热水供应系统等；输奶管存放要保持良好无存水、洁净无污染。

贮奶室安装有贮奶罐和冷却设备，挤乳 2 小时内要冷却到 4℃以下但不结冰，便于保存与运输。

贮奶罐应适当倾斜安放，保证输奶时罐内不留残奶，每次输奶完成都应及时清洗。

生鲜乳的运输要使用保温奶罐车或带制冷系统的专用冷藏运输车，运输车要经过严格的清洗消毒，运输车使用封闭的不锈钢运输罐，不得使用塑料或其他材质的运输罐装奶。夏季运输一般选择在早晚或夜间进行。

输奶管、贮奶桶、贮奶罐、运输罐必须经过多次清洗，先用清洗液清洗不低于 2 遍，然后换用热水彻底洗净，使用的热水要符合国家《生活饮用水卫生标准》要求。

3. 加强收奶站的监督管理

2008 年以来，国家已连续 4 年开展生鲜乳专项治理，不断强化奶站监管，坚决取缔不合格奶站，清理非法收购黑窝点，规范生鲜乳生产收购运输市场秩序，持续加强奶站监管，农业部于 2008 年 11 月公布了《生鲜乳生产收购管理办法》（农业部第 15 号令），部分省市制定了适合本地的收奶站管理办法，比如《四川省收奶站管理规范》，标准化管理水平显著提高。与 2008 年以前相比，奶站的设施设备、卫生条件、检测手段等明显改善，管理水平大幅提高的同时，数量逐步减少。据统计，2011 年全国收奶站有 1.3 万个，比 2008 年减少 6890 个，减幅已达 34%。

收奶站和乳品加工厂都要严格执行国家《生乳》（GB 19301—2010）和《生鲜乳收购标准》（GB/T 6914—86），对生鲜乳进行分级管理，一级牛奶（牛奶中菌落总数小于 50 万个 / 毫升）达到 90% 以上，生鲜乳质量才能得到有效保障。生鲜乳的收购、销售、检测记录和交接单要保存完整，做到信息可查、流向清楚、质量可追溯、责任能追究。

二、技术特点

（一）饮饲质量控制技术

饮饲质量控制技术就是饲草、饲料与饮水的质量控制技术。奶牛饮用洁净符合标准的水，饲用无污染、无霉变的饲草与饲料，在饲料中不添加非法药物，不违规使用添加剂。重要性突出，但技术难度不高，简单易掌握。

（二）奶牛群体质量控制技术

奶牛群体质量控制技术是通过牛场科学化设计、精细化管理，提高兽医技术水平和规范药物安全使用，提高奶牛群体健康质量，从而提高生鲜乳质量的综合技术。专业技术要求高，应由专业人员直接负责。

（三）安全挤奶技术

安全挤奶技术是防止生鲜乳二次污染的重要环节，需要加强管理，规范操作。

（四）生鲜乳管理技术

生鲜乳管理技术是指牛奶的保存、贮运、严禁非法添加其他物质的综合管理技术，设施设备的现代化和监管的严格化。

三、效益分析

（一）社会效益

三鹿奶粉事件不仅对人民健康造成极大危害，也对我国奶业发展造成毁灭性打击，全国大批牛奶无法销售，奶农亏损累累，据统计，事件发生后一年时间里，全国 240 多万奶农杀牛倒奶，仅至当年 10 月份，估计全国奶业就损失 200 亿元。

控制生鲜乳质量，是保障乳品质量安全的重要环节，是保障人民健康的重要技术手段，坚决杜绝第二个“三鹿奶粉事件”的发生，是生产者、监管者和所有业内人员的共同责任。同时，一个安全技术准备充分、安全意识贯穿始终、安全监管深入细节的健康的奶牛养殖业，必将充分赢得消费者的信赖，其巨大的社会效益来源于对人民健康的负责和对消费者的尊重，是产业发展的根本保障。

（二）经济效益

生鲜乳质量控制技术的运用所带来的经济效益极为巨大，仅以四川省某奶牛场的境况简单估算，该场存栏奶牛 300 余头，采用综合防霉技术后和标准化挤奶技术后，每年减少霉变苜蓿草捆损失约 5 吨，泌乳牛平均增加产奶量约 4 千克 /（头 • 天），全年增加产奶量 20 多万千克，牛场坏奶损失每天减少约 100 千克，全年减少坏奶损失约 36000 千克。每年都可为牛场增加净收入 10 余万元，初步估算，如果计入间接产奶量增加的收入和兽药减少的支出，每年能增加牛场收入 80 余万元，经济效益极为显著。

第二节 DHI应用技术

一、主要技术内容

随着我国奶牛养殖规模化、科学化水平的不断提高，数字化、智能化管理是现代奶业发展的必然趋势。奶牛 DHI 技术的推广应用，可以帮助管理者获得系统准确的牛群信息，通过对信息的分析反馈，为奶牛场加强精细管理、遗传育种和后裔测定等工作提供科学依据。图 6-1 为一体式 DHI 测定仪器。

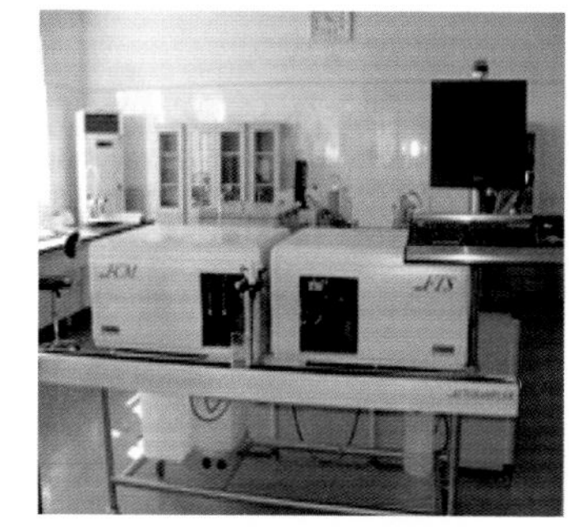
图 6-1 一体式 DHI 测定仪器

（一）奶牛 DHI 测定的基本要求

DHI 测定的对象是泌乳牛产后 6 天至干奶期的全过程。参测牛场应积极配合开展工作，首先应提供准确的牛只信息，其次每月要把登记的泌乳牛奶采样送到测定站。

1. 奶牛场的选择

参加测定的牛场应严格选择，一般应具备下列条件。

有参测的积极性，能及时配合开展牛群调查和测定工作；一般要求奶牛场具备 200 头以上的生产规模；应采用挤奶厅机械挤奶，并安装有流量计，或带搅拌和计量功能的采样装置；应具备完好的牛只标识（牛籍图和耳号）、系谱和繁殖记录，记录有牛只的出生日期、父号、母号、外祖父号、外祖母号、近期分娩日期和留犊情况（若留养的还需填写犊牛号、性别、出生重）等信息。

2. 基础数据收集

（1）新参加测定的牛场，应整理参测奶牛的以下资料

牛号、出生日期、父母号、本胎产犊日期、胎次、本胎次与配公牛号、留犊牛号（母犊）。基础数据应在第一次采样测定前，报送测定中心。

（2）已进入 DHI 体系的牛场

应收集每月采样日的个体产奶量报表、采样单、牛群变化明细，包括头胎牛明细、经产牛明细、干奶牛明细、淘汰牛明细。牛群信息需在测定前随样品同时送达测定中心。

3. 现场数据和样品采集

参测奶牛为产后 6 天至干乳前 6 天这一阶段的泌乳牛，每头泌乳牛每个月应测定 1 次，2 次测定的间隔时间为 30 天 ±3 天。对每头泌乳牛大约测定 10 次，因为奶牛基本上一年一胎，连续泌乳 10 个月，最后两个月是干奶期。

（1）现场数据采集

采样日产奶量：根据流量计的读数，记录牛号和参测牛采样当天的产奶量。计量前应检查计量计进、出奶口的位置，倾斜度保持在 ±5° 以内。

（2）奶样采集

每次测定需要对所有泌乳牛逐头取奶样，每头牛的采样量为 40 毫升，1 天 3 次挤奶一般按 4：3：3（早：中：晚）比例取样，2 次挤奶按早：晚 6：4 的比例取样。

（3）样品保存与运输

为防止奶样腐败变质，在每份样品中需加入专用防腐剂。在 15℃的条件下奶样保存 4 天，2～7℃冷藏条件下可保持一周。采样结束后，样品应尽快安全送达测定实验室，运输途中需尽量保持低温，不能过度摇晃。

（二）测定与报告

奶牛 DHI 测定的主要指标包括产奶量、乳脂率、乳蛋白率、体细胞数、乳糖率等，通过对上述指标及相关信息进行系统分析，就可形成一份详细的 DHI 测定报告。

1. 奶样接收

DHI 测定实验室在接受样品时，应检查采样单和各类资料表格是否齐全、样品有无损坏、采样单编号与样品箱(筐)是否一致。如有关资料不全、样品腐坏、打翻现象超过 10% 的，DHI 测定实验室应通知牛场重新采样。

2. 测定内容

主要测定日产奶量、乳脂肪、乳蛋白质、乳糖、全乳固体、体细胞数和尿素氮。

3. 测定原理

实验室依据红外原理作乳成分分析（乳脂率、乳蛋白率及乳中尿素氮等）；体细胞数是将奶样细胞核染色后，通过电子自动计数器测定得到结果。

4. 测定设备

实验室应配备乳成分测试仪、体细胞计数仪、恒温水浴箱、冷藏室（保鲜柜）、流量计、采样瓶、样品架及奶样运输车等仪器设备。

5.DHI 分析报告

数据处理中心，根据奶样测定的结果及牛场提供的相关信息，制作奶牛 DHI 分析报告，并及时将报告反馈给牛场。从采样到测定报告反馈，整个过程需 3～7 天。

（三）测定结果的反馈

DHI 反馈内容主要包括分析报告、问题诊断和技术指导等方面。在报告中根据奶牛的生理特点和生物模型进行统计分析，可得到 20 多个信息指标，通过这些指标，可以帮助管理者准确掌握牛群当前的生产状况，了解牛场的管理水平，提供解决问题的具体措施。

1.DHI 报告的主要指标

DHI 报告是信息反馈的主要形式，奶牛饲养管理人员可以根据这些报告全面了解牛群的饲养管理状况。报告是对牛场饲养管理状况的量化，是科学管理的依据，这是管理者凭借经验无法得到的。根据报告量化的各种信息，管理者能够对牛群的实际情况做出客观、准确、科学的判断，发现问题，及时改进，提高效益。

目前，由中国奶牛数据分析软件可出具的报告有 30 种，牛场可根据需求选择不同报告。

2.DHI 报告解读

测定报告关键是从中发现问题，并能够快速、准确、高效地解决问题。数据分析人员可以根据测定报告所显示的信息，与正常范围数据进行比较分析，找出问题，针对牛场实际情况，作出相应的问题诊断。问题诊断是以文字形式反馈给牛场，管理者依据报告，不仅能以数字的形式直观地了解牛场的现状，还可以结合问题诊断提出解决实际问题的建议。

（1）泌乳天数的应用

①校正产奶量：校正产奶量是将测定日产奶量按泌乳天数及乳脂率校正的数值，用于比较不同生理阶段牛群及个体之间产奶量高低的指标。牛只在泌乳高峰期及泌乳后期产奶量差距很大，即在不同的泌乳阶段，产奶量也不同。所以，校正奶量使处在不同泌乳阶段及不同乳脂率的泌乳牛，在同一标准下进行比较。

②平均泌乳天数：如果牛群为全年均衡产犊，那么牛群平均的泌乳天数应该处于150 ～ 170 天，这一指标可显示牛群繁殖性能及产犊间隔。牛场管理者可以根据该项指标来检测牛群繁殖状况，而后再查找影响繁殖的因素。如果测定报告获得的数据高于正常的平均泌乳天数，就表明牛群的繁殖状况存在问题，导致产犊间隔延长，将会影响下一胎次的正常泌乳。

依据测定报告分析泌乳天数、日产奶量、校正产奶量及繁殖状况，有利于制订繁殖配种计划。若近期内分娩的牛数比正常多，泌乳天数应该下降，牛群整体日产奶量、月产奶量水平应是上升；反之，日产奶量、月产奶量水平将会下降。

（2）乳脂率、乳蛋白率的应用

乳脂率（F%）和乳蛋白率（P%）是衡量牛奶质量和价格的两个重要指标，主要是受奶牛遗传和饲养管理两方面因素的影响，奶牛场可从饲料营养、选种选育两个方面加以改变。乳脂率和乳蛋白率能反映奶牛营养状况，乳脂率低可能是瘤胃功能不佳，代谢紊乱，饲料组成或饲料大小、长短等有问题。

①乳脂率和乳蛋白率之间的关系：脂蛋白比是指荷斯坦牛乳脂率与乳蛋白率的比值，正常情况下应为 1.12 ～ 1.30。这一数据可用于检查个体牛只、不同饲喂组别和不同泌乳阶段牛只的状况。高产牛的脂蛋白比偏小，特别是处于泌乳 30 ～ 60 天的牛只，其原因可能是：干奶牛日粮差，产犊时膘情差，泌乳早期碳水化合物缺乏，饲料蛋白含量低等。如：3% 的乳脂和 2.9% 的蛋白比值仅为 1.03。高脂低蛋白会引起比值过高，可能是日粮中添加了脂肪，或日粮中蛋白和非降解蛋白不足。而低比值则相反，可能是日粮中含有太多的谷物精料，或者日粮中缺乏有效纤维素。

脂蛋白差。奶牛泌乳早期的乳脂率如果特别高，就意味着奶牛在快速利用体脂，则应检查奶牛是否发生酮病。如果是泌乳中后期，大部分的牛只乳脂率与乳蛋白率之差小于0.4%，则可能发生了慢性瘤胃酸中毒。

②解读 DHI 报告乳脂率、乳蛋白率的常用基准：乳脂率较低牛只的特征：牛只体重增加；过量采食精料；乳脂率测定值小于 2.8%；乳蛋白率高于乳脂率。

牛群中多数牛只乳脂率过低，主要原因是牛瘤胃功能异常，可采取的减缓措施如下：

减少精料喂量，精料不要太细，增加饲喂次数；避免在泌乳早期喂饲太多的精料，精粗比例（42：58）；先饲喂 0.5 ～ 1 小时长度适中的优质干草，后饲喂精料；提高粗纤维水平，改变粗饲料的长短或大小，避免饲喂不正常的青草；日粮中添加缓冲液，补充蛋白的缺乏，取消日粮中多余的油脂。

乳蛋白率过低可采取以下措施：避免过多使用脂肪或油类等能量饲喂；增加非降解蛋白质的供给，保证氨基酸摄入平衡；减少热应激，增加通风量；增加干物质饲喂量。

③选种选育：目前，我国原料奶收购对乳脂率的要求有些差别，乳脂率也越来越显得重要。根据测定报告提供牛只的乳脂率和乳蛋白率，可用于选择生产理想型乳脂率和乳蛋白率的奶牛。

牛奶会因乳蛋白率（P%）和乳脂率（F%）的不同而收益不一样。如果没有测定报告提供每头牛的信息，就无法知道哪些牛的贡献率高，哪些牛的效益低。有了测定报告就能很容易发现牛场潜在的问题，并及时采取有效措施加以解决。

（3）体细胞数的应用

牛奶体细胞通常由巨噬细胞、淋巴细胞和多形核嗜中性白细胞（PMN）等组成。正常情况下，牛奶中的体细胞数一般在 20 万～ 30 万个 / 毫升；第一胎次奶牛的理想体细胞数在 15 万个 / 毫升以内，第二胎次奶牛的理想体细胞数在 25 万个 / 毫升以内，第三胎次奶牛的理想体细胞数在 30 万个 / 毫升以内。正常情况下，体细胞数在泌乳早期较低，而后渐上升。体细胞数与奶损失的关系（见表 6-3）。影响体细胞数变化的主要因素有：病原微生物对乳腺组织感染、应激、环境、气候、泌乳天数、遗传、胎次等，其中致病菌影响最大，也就是乳房炎。

①乳房炎控制：体细胞数能够反映牛奶产量、质量以及牛只的健康状况，也是奶牛场监测奶牛乳房健康状况的重要标志性指标之一。当乳房受到外伤或者发生疾病（如乳房炎等）时体细胞数就会迅速增加。监测牛奶中体细胞数的变化有助于及早发现乳房损伤或感染，预防治疗乳房炎；及早治疗还可降低治疗费用，降低奶损失，减少牛只的淘汰。

表 6-3 体细胞数与奶损失的关系

体细胞分	体细胞数 ×1000	体细胞数中间值 ×1000	第一胎奶损失（千克）	第二胎奶损失（千克）
1	18 ～ 34	25	0	0
2	35 ～ 68	50	0	0
3	69 ～ 136	100	90	180
4	137 ～ 273	200	180	360
5	274 ～ 546	400	270	540
6	547 ～ 1092	800	360	720
7	1093 ～ 2185	1600	450	900
8	2186 ～ 4271	3200	540	1080
9	＞ 4271	6400	630	1260

监测牛奶体细胞数，是判断乳房炎的有力手段，特别是能预示隐性乳房炎。奶牛一旦

患有乳房炎，奶产量、质量都会有相应的变化。患乳房炎的奶牛其乳腺组织的泌乳能力下降，达不到遗传潜力的产奶峰值，并对干奶牛的治疗花费较大。如果能有效地控制乳房炎，就可达到高的产奶峰值，获得巨大的经济回报。通过阅读 DHI 测定报告，总结月、季、年度的体细胞数，分析变化趋势和牛场管理措施，制定乳房炎防治计划，降低体细胞数，最终达到提高产奶量的目的。

②常用分析及解决办法：泌乳早期体细胞数偏高，预示干奶牛治疗、临产及产后环境等存在问题，改善后则体细胞数就会相应下降；泌乳中期体细胞数高，可能是乳头药浴无效、挤奶设备不配套、环境肮脏、饲喂时间不当等原因所致，这时应进行隐性乳房炎检测（CMT），以便及早治疗和预防：对于泌乳后期体细胞数高、胎龄大的牛只，则应及早利用干奶药物进行治疗。

采取措施后各胎次牛只的体细胞数如果都在下降，则说明治疗是正确的。如连续两次体细胞数都持续很高，说明奶牛有可能是感染隐性乳房炎（如葡萄球菌或链球菌等）；若因挤奶方法不当导致隐性乳房炎相互传染，一般治愈时间较长；体细胞数忽高忽低，则多为环境性乳房炎，一般与牛舍、牛只体躯及挤奶员卫生问题有关。这种情况治愈时间较短，且容易治愈。

③预防乳房炎的相关措施：落实各部门在防治乳房炎过程中的责任；治疗干奶牛的全部乳区；维护环境的清洁、干燥，正确使用和维护挤奶设备，采用正确的挤奶程序；定期监测乳房健康，检测隐性乳房炎（SMT），正确治疗泌乳期的临床乳房炎，淘汰慢性感染牛；保存好体细胞数原始记录和治疗记录，定期检查；补充微量元素和矿物质，如硒、维生素 E 等；预防苍蝇等寄生性昆虫滋生。

（4）尿素氮（MUN）应用

牛奶尿素氮的平均值大多数在 10 ～ 18 毫克 / 分升范围内，在养牛成本中饲料约占 60%，而蛋白料是饲料中最贵的一种。测定牛奶尿素氮能反映奶牛瘤胃中蛋白代谢的有效性，根据尿素氮的高低改进饲料配方能提高饲料蛋白利用效率，降低饲养成本。

牛奶尿素氮过高与繁殖率低下有很大的关系。据报道，夏季产犊母牛在产后第一次配种前 30 天的尿素氮大于 16 毫克 / 分升时，其不孕率是冬季产犊且尿素氮值低的母牛的 10 倍以上。

（5）高峰奶量、产奶高峰日的应用

高峰产奶量是指个体牛只在某一胎次中最高的日产奶量，高峰日是指产后泌乳量最高的泌乳天数。高峰日到来的早晚和高峰日产奶量的高低，都直接影响到本胎次的产奶量。

据上海市测定实验室统计，高峰奶量每提高 1 千克，胎次总产奶量就会提高 200 ～ 500 千克；正常情况下，高峰产奶量较高的牛只，305 天奶量也高；一般在产后 4 ～ 6 周达到产奶高峰，若每月测定一次，其峰值日应出现在第二个测定日，即应低于平均值 70 天；若大于 70 天，表明有潜在的奶损失。若提前到达高峰期，但持续性差，则是泌乳期营养水平差的提示信号，表明尽管这头牛有良好的体况膘情市值达到高峰，但由于营养不足使其难以维持。

（6）泌乳持续力的应用

根据个体牛只测定日产奶量与前次测定日产奶量，可计算个体牛只的泌乳持续力，用于比较个体牛只的生产持续能力。泌乳持续力（%）= 测定日产奶量 / 上一次测定日产奶量 ×100。

泌乳持续能力随着胎次和泌乳阶段而变化，一般头胎牛产奶量下降的幅度比二胎以上的要小。影响泌乳持续力两大因素是遗传和营养，泌乳持续力高，可能预示着前期的生产性能表现不充分，应补足前期的营养不良。泌乳持续力低，表明目前饲养配方可能没有满足奶牛产奶需要，或者乳房受感染、挤奶程序、挤奶设备等其他方面存在问题。

（7）测定日产奶量的应用

测定日产奶量，是精确衡量每头牛产奶能力的指标。通过计量每头牛的产奶量，区分高产牛与低产牛，进行分群饲养，即按照产奶量的高低给予不同的营养需要。这样不仅可以避免因饲养水平高于产奶需要而造成的浪费和可能导致的疾病，也可避免因饲养水平低于产奶需要而造成的低产，从而给牛场带来更大的经济效益。

测定日产奶量主要应用在以下几方面：反映牛只当月产奶量高低，可评价上一阶段的管理水平；按照产奶水平，结合胎次、泌乳阶段、膘情等进行分群合理管理；为配合经济日粮提供依据；测定日平均产奶量及产奶头数可用于衡量牛场赢利水平；可将 305 天预计产奶量与实际产奶量综合分析，用于本月及长期的预算。

（8）前次个体产奶量的应用

通过比较本月和上月产奶量的变化情况，可以检验饲养管理是否得到改进，饲料配方是否合理。如果管理有改进、配方合理，本月产奶量就会比上月产奶量增加，否则就会下降；若两次的产奶量波动较大，可从以下查找原因：饲料配方过渡时，是否给予牛只足够的适应时间（应为 1 ～ 2 周），这可能会发生在干奶配方到产奶配方过渡或变更牛群的过程中；母牛产犊时膘情是否过肥，如果牛只过肥产后食欲时好时坏，会造成产奶量剧烈波动；是否长期饲喂高精料日粮，若长期饲喂会造成酸中毒及蹄病，产奶量会受到影响；是否有充足的槽位，如果槽位不充足，牛只之间相互争抢槽位，也会影响产奶量。

（9）干奶牛管理的应用

干奶时间过长，说明牛群在繁殖方面存在问题；过短则说明牛场存在影响奶牛干奶的问题，将会影响到下一胎次的产奶量。

这是校正牛只膘情的最后环节，这一时期瘤胃修复因泌乳期高精料日粮引起的损伤，也对上次泌乳所引起的乳房损伤进行自我修复。

（10）泌乳曲线的应用

平均泌乳曲线的特点：高产奶牛的产奶峰值也高；一般奶牛的高峰出现在第二次采样时；产奶高峰过后，所有牛只的产奶量逐渐下降；产奶量下降平均 0.07 千克 / 天，每月下降 6% ～ 8%；头胎牛的持久力要好于经产牛。持久力（%）=（前次产奶量 - 本次产奶量）/ 前次产奶量 ×100×（30/ 两次测定间隔时间）-100。

（11）牛群遗传改良的应用

DHI 测定数据是进行种公牛个体遗传评定的重要依据，只有准确可靠的性能记录才能保证不断选育出真正遗传素质高的优秀种公牛用于牛群遗传改良。对于奶牛场而言，可以根据奶牛个体（或群体）各经济性状的表现，本着保留优点、改进缺陷的原则，选择配种公牛，做好选配工作，从而提高育种工作的成效。例如，根据奶牛个体产奶量、乳脂率、乳蛋白率的高低，选用不同的种公牛进行配种。对那些乳脂率、乳蛋白率高，但产奶量低的母牛，可选用产奶性能好的种公牛配种；乳脂率低的，可选用乳脂率高的种公牛；乳蛋白低的，选用乳蛋白高的种公牛等。如果不参照 DHI 测定准确而全面的生产性能记录，就不可能实现针对个体牛进行的科学选种选配。通过对个体牛的选种选配，能提高后代的质量，不断提高整个牛群的遗传水平。

3. 信息反馈

一般情况下，因为受到时间、空间以及技术力量的限制，即使测定报告反映了相关问题的解决方案，但牛场还是无法将改善措施落到实处。根据这种情况，DHI 测定中心要指定相关专家或专业技术人员，到牛场做技术指导。通过与管理人员交流，结合实地考察情况及分析报告，给牛场提出切合实际的指导性建议。

二、技术特点

奶牛 DHI 应用技术为奶牛场提供了完整的生产性能记录体系，对牛场进行科学管理提供了可靠依据。通过 DHI 测定可以促进和完善奶牛生产记录体系，准确地了解牛群的实际情况，提供有效的量化管理牛群工具，这种量化能够针对每一个体牛只展开并针对具体问题制定出切实有效的管理措施，通过调控饲料营养水平和改善管理，生产出达到理想成分指标和卫生指标的牛奶，真正地提高牛群的生产水平。如果没有 DHI 测定就不能建立起完善的奶牛生产记录体系，而没有完整的奶牛生产性能记录，管理牛群只能凭经验和感觉，难免出现偏差，造成不必要的经济损失。此外，特别对一部分没有生产性能谱系记录的奶牛养殖户，通过 DHI 测定能逐渐完善奶牛生产记录，科学制定牛场管理计划，为牛群的科学发展奠定良好的基础。

三、效益分析

DHI 技术是被实践证明的一项有效提高牛奶质量、增加经济效益的关键技术，效果非常明显。实质上，DHI 测定就是奶牛的全面性体检，DHI 测定数据给出的 SCC、乳成分、峰值日产奶量、泌乳持续力、平均胎间距、泌乳损失等参数可以反映出奶牛饲养、繁殖、管理等环节出现的问题，帮助管理人员对存在问题的危害程度进行评估，及时查找问题的原因并加以改进。1989 ～ 1998 年，美国应用 DHI 技术后，奶牛单产水平提高了 20%，参加测定的牛群比不测定牛群产奶量提高了 20% ～ 40%。

目前，在中国开展奶牛生产性能测定，牛场每头牛每年的投入仅为 70 元（测定 10 次，每次 7 元），投入仅占牛场总投入的 0.7%，但是带来的直接经济效益是非常显著的。通过性能测定，参测奶牛场的管理和生产水平均有了较大提高。

通过综合运用生产性能测定报告科学管理牛群，体细胞数降到 40 万个 / 毫升以下水平，每头牛平均每天可减少奶损失 0.4 千克，仅此一项年可增加产奶约 120 千克，以每千克奶 2 元计算，可增加效益 240 元，与此同时，大大减少了乳房炎的治疗费用，降低牛只淘汰率；通过综合运用 DHI 报告，科学管理牛群，最低可增加 1 千克高峰奶，平均每头牛一年可增加250千克奶量，扣除增奶成本150元，可增加效益350元；由于可有效控制牛奶成分，提高鲜奶质量，在牛奶以质论价的前提下，奶价自然提高，可以得到乳品加工厂的额外奖励，一般每千克牛奶可增加2分钱，以1胎产4000千克计算，大约可增加80元收入。仅以上统计每头牛增加效益达670元，效益非常可观。

四、案例

湖北黄冈某奶牛场的DHI测定报告应用

该场2012年3月参测牛172头。

产奶量：平均日产奶量18.8千克（最高者33.2千克、最低者1.4千克），较上月19.6千克减少0.8千克，单产下降主要发生在泌乳早期，尤其是泌乳期＜30天的牛只平均单产较上月减少5.4千克，可能与产后牛的遗传基础及健康因素有关。

对生产的指导价值：加强围产期的饲养管理，精心护理产后牛，真正满足奶牛的营养需要。

脂蛋比：平均脂蛋比为1.12，比上月1.06提高0.06，属于正常脂蛋比。泌乳早期各阶段脂蛋比较上月均有所改善，达到或接近正常比值范围。

对生产的指导价值：适当增加泌乳早期牛优质牧草喂量，在提高单产的同时，继续保持原料奶的质量。

体细胞：平均体细胞数48万个，比上月43万个有所增加，但仍然是较好的。各阶段体细胞总的情况：可以说是早期和中期部分较高，后期普遍较低，泌乳期＜30天和91～150天牛只的体细胞数≥70万个，说明这些阶段牛只的卫生管理和相关工作还有待进一步加强，重点应放在高体细胞数牛的跟踪上。

对生产的指导价值：加强干奶牛的乳房管理；做好产房和产床的卫生；做好牛舍卫生管理；及时发现隐性乳房炎和临床型乳房炎牛只并对症治疗。

第三节　奶牛抗热应激综合控制技术

一、主要技术内容

（一）奶牛耐热品系培育

根据娟姗牛体表与体躯容积比例较大，更适应湿热气候的特点，利用娟姗牛与中国荷斯坦牛进行杂交，产出含25%～75%娟姗牛血统的荷－娟杂交奶牛（图6-2）。从现有荷－娟杂交奶牛适应性情况看，荷－娟杂交奶牛对湿热环境的适应性优于荷斯坦牛，表现在：犊牛、育成牛、成乳牛在夏季的发病率均低于中国荷斯坦牛，犊牛的死亡率也较低；夏季产奶量的下降幅度低于中国荷斯坦牛；夏季奶的品质也优于中国荷斯坦牛。目前，已有荷－娟F_1奶牛投产，头胎平均单产奶5745千克，乳脂率3.83%，乳蛋白率3.01%，非脂固形

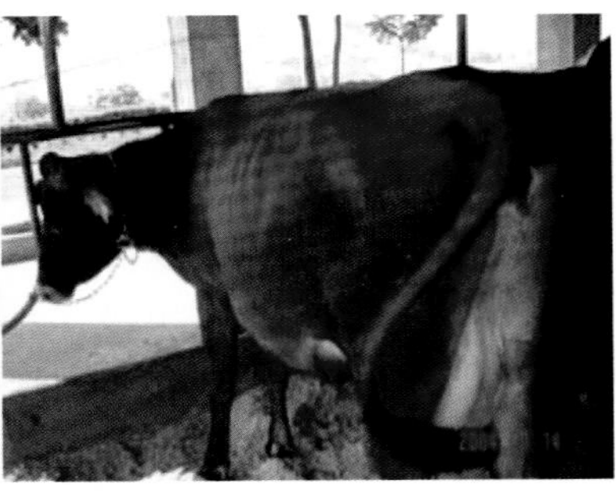

图 6-2 荷—娟新品系奶牛

物含量为 8.53%。

（二）新型实用防暑降温散栏式奶牛舍建筑设计

针对南方雨热同期，高温高湿的气候条件，在分析传统牛舍的基础上，开发出新型实用防暑降温散栏式奶牛舍（图 6-3）。其设计上着重于通风对流和减少辐射热，并在奶牛场选址、朝向以及饲养密度和绿化等方面均给予充分考虑。新型实用防暑降温散栏式奶牛舍的特点如下。

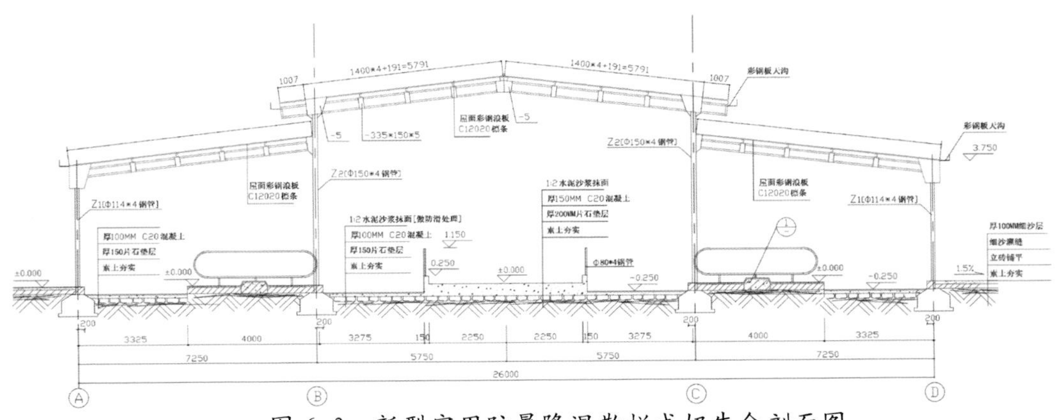

图 6-3 新型实用防暑降温散栏式奶牛舍剖面图

（1）敞棚式

以增大空气对流散热。

（2）高屋檐

棚舍屋檐高为 5.5 ～ 6.5 米，较传统牛舍大约高 2 米，以减少屋顶热辐射，提高牛舍通风量。

（3）大跨度

牛舍跨度为 20 ～ 23 米，较传统牛舍大约宽 10 米，以减少周围环境的辐射热。

（4）钟楼式

钟楼高为 50 ～ 150 厘米，钟楼宽为 100 ～ 550 厘米，以利用热压通风原理，提高牛舍自然通风效果。同时，考虑到夏季主风向和太阳入射角，牛舍纵轴采用南北朝向（南偏东 5 ～ 10 度），牛舍间距为 50 米，牛舍的排列为双列散栏式。

（三）散栏式奶牛场环境小气候智能化控制系统

散栏式奶牛场环境小气候智能化控制系统装置由传感器、主控单元、输入输出装置、执行驱动单元和执行单元组成。

1. 散栏式奶牛场环境小气候智能化调控系统装置构件

（1）主控单元

主控单元是整个控制系统的核心，它主要负责完成系统参数的设置、数据的运算处理及控制信号的产生等。以单片微机为核心，外围电路有温度采集部分、湿度采集部分、光辐照度采集部分、风机控制信号输出和喷淋装置的电磁阀控制信号输出部分、工作起止时间控制部分以及电源供给部分等电路。

（2）传感器

传感器由湿度传感器、温度传感器和光照传感器构成，分别用于采集小气候环境的湿度、温度和辐射度参数。

（3）输入输出装置

输入输出装置由数码显示管和输入装置组成，数码显示管用于实时显示时间、控制模式、小气候环境参数（湿度、温度和辐射度）。输入装置由遥控器键盘与独立键盘组成，用于参数设置、控制模式转换等。

（4）执行驱动单元

执行驱动单元是实现与风机、电磁阀等强电执行设备连接的重要部分，可直接驱动通风装置和喷淋装置。执行驱动单元有两种运行模式，即自动和手动运行模式。自动运行模式受控于主控单元，手动运行模式时则能脱离主控单元的控制运行。当在主控单元失效或不需全自动运行时，可直接在执行驱动单元上控制通风装置和喷淋装置，实现手动控制。

（5）执行单元

执行单元由风机组和喷淋装置组成。由主控单元通过执行驱动单元控制其运行状态。可以控制各个风机组阵列处于全运转、半运转和停止运转 3 种状态。

2. 执行单元的设计与应用

以福建长富 13 牧为例，说明散栏式奶牛场环境小气候智能化控制系统装置的执行单元的设计与实现。

（1）成乳牛舍电路的设计

根据长富 13 牧控制牛舍结构和控制的要求，风机电路的布置

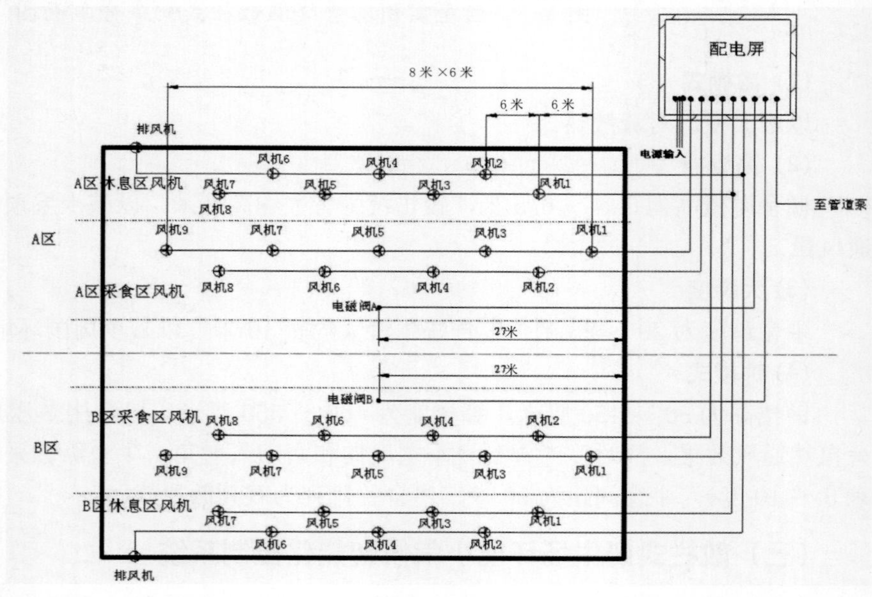

图 6-4　成乳牛舍电路布置

分为A、B两个区，A、B两区可独立控制。A、B两区的休息区和采食区又分别设为休息区偶数组风机、休息区奇数组风机、采食区偶数组风机、采食区奇数组风机。成乳牛舍电路布置如图6-4所示，可实现全吹风、半吹风和停止3种控制状态。

（2）待挤厅电路的设计

根据排风量计算，设计了12台吹风风机，6台排风风机。风机、屋内喷淋电磁阀、屋顶喷淋电磁阀由一台配电屏控制，如图6-5所示。

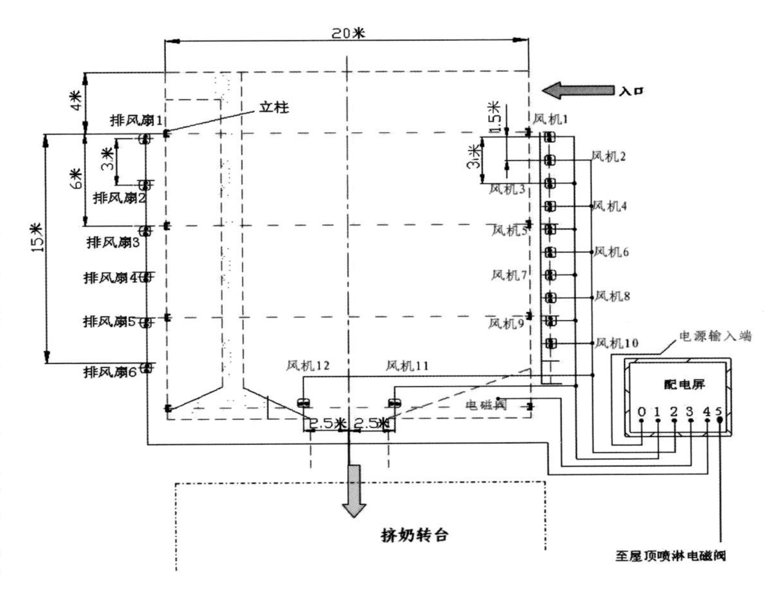

图6-5 待挤奶厅电路布置图

（3）成乳牛舍执行单元的安装

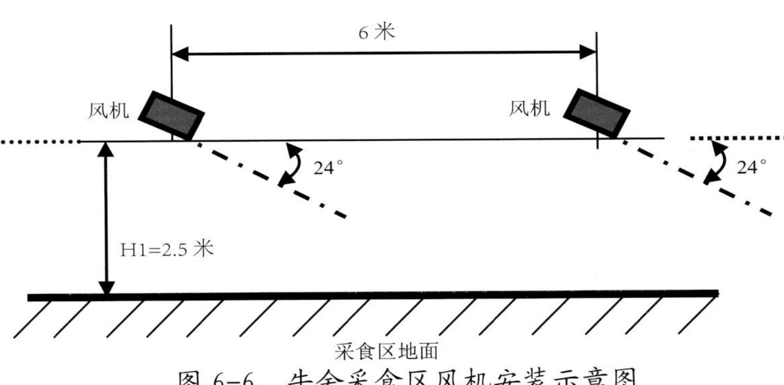

图6-6 牛舍采食区风机安装示意图

成乳牛舍执行单元包括风机和喷淋。喷淋管的安装设计时，考虑喷淋时喷淋区域限制在采食区，不允许喷洒到喂料道和休息区的牛床上，以免喷湿饲料和牛床上的锯末。同时，喷淋时应使奶牛全身淋湿。风机的安装设计，要考虑风机不直接对地面吹，不能吹起牛床上的锯末。

①采食区的风机安装：风机选用SF型轴流式风机，吹风风机叶轮直径600毫米，功率0.75千瓦，吹风量9800立方米/小时，风压160帕，转速1400转/分钟。

安装角度：吹风风扇一般为侧吹方向安装，与水平方向成一定夹角，使风侧向吹向牛体。风机旋转轴与水平面倾角24°，如图6-6所示。

安装高度：风机底部离地高2.5米。

安装密度：与风机功率以及功能区域有关。本试验安装间隔为6米，以保证达到牛体的风速为2.5米/秒。

②休息区的风机安装：风机选用SF型轴流式风机，吹风风机叶轮直径600毫米，功率0.75千瓦，吹风量9800立方米/小时，风压160帕，转速1400转/分钟。

安装角度：风机旋转轴与水平面倾角15°，如图6-7所示。

安装高度：风机底部离地高 2.3 米。

安装密度：风机安装间隔为 6 米。

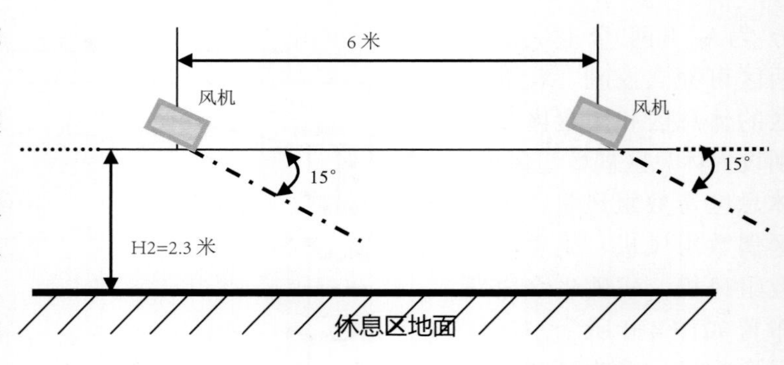

图 6-7 牛舍休息区风机安装示意图

③成乳牛舍喷淋装置的安装：该装置由增压水泵、过滤器、供水管网、电磁阀、喷嘴以及水泵和电磁阀的供电部分组成。它是将细水滴（非水雾）喷到牛体湿润牛的皮肤，利用风机及牛体的热量使水分蒸发以达到降温的目的（图 6-8）。

过滤器：过滤器为 140 ～ 155 目塑料或不锈钢过滤器。

喷淋管道设计：根据控制牛舍结构，喷淋管路设计时也分为 A、B 两个区，两区的喷淋作业可单独控制，如图 6-9 所示。采食区喷淋管道安在饲槽上方，采用 PVC 或黑色 PE 管，主管管径为 DN40，支管管径为 DN25。采用中央供水，喷淋管安装于采食区上方中央、紧挨风机下端。为防止水压不足，在主管入口处加装管道泵，其后串安全阀和过滤器。

喷头的规格：在采食区安装经改造的喷头，其形式为 180° 固定子弹型喷头，经测定其工作压力为 3 千帕时，流量为 2.4 升 / 分钟，喷雾锥角 90° 。喷头在牛舍的安装高度 2.5 米，此时喷淋直径约 1.2 米，即喷头喷出的细水滴要能覆盖散栏式牛舍采食区 3/4 的宽度，以淋湿牛体，使其蒸发散热（图 6-10）。

(4) 待挤区执行单元的安装

①待挤区喷淋装置的安装：过滤器：过滤器为 140 ～ 155 目塑料或不锈钢过滤器。

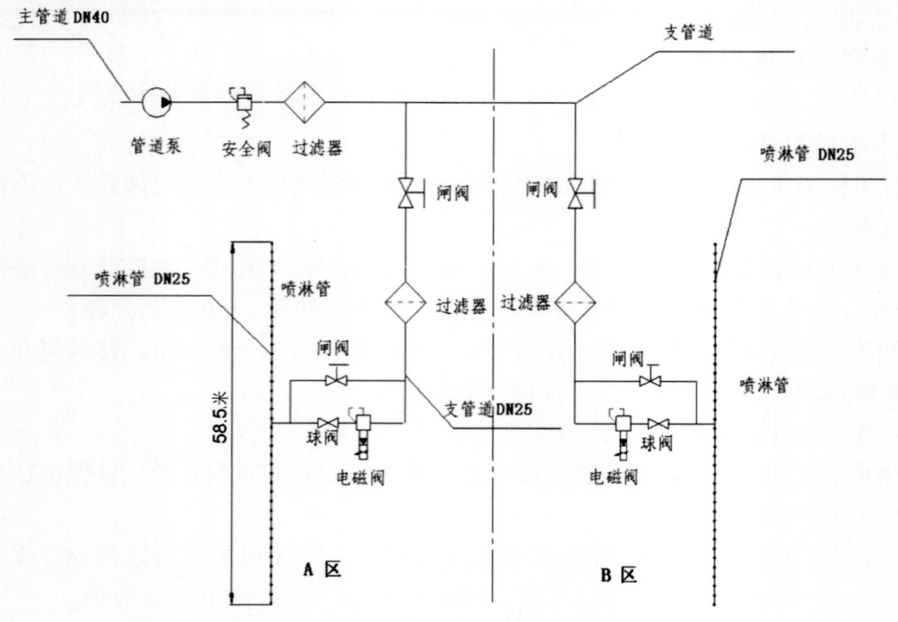

图 6-8 成乳牛舍喷淋管路平面布置图

喷淋管道设计：根据待挤厅的建筑结构，待挤区喷淋沿纵向设计3条平行的喷淋管，喷林管安装高度为距地面3米，靠近A向吹风风机侧的喷林管距风机3米，靠近B向排风风机侧的喷林管距风机6米。喷林管之间的相隔5.5米，主管管径为DN40，支管管径为DN25（图6-11）。主管装有电磁阀1个、安全阀1个和闸阀1个。电磁阀与配电屏连接以实现自动控制，安全阀用于水压太大时泄压。

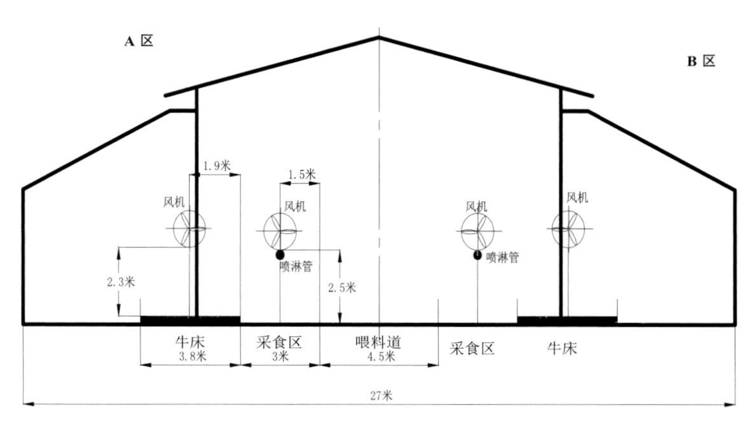

图 6-9 成乳牛舍喷淋管路安装示意图

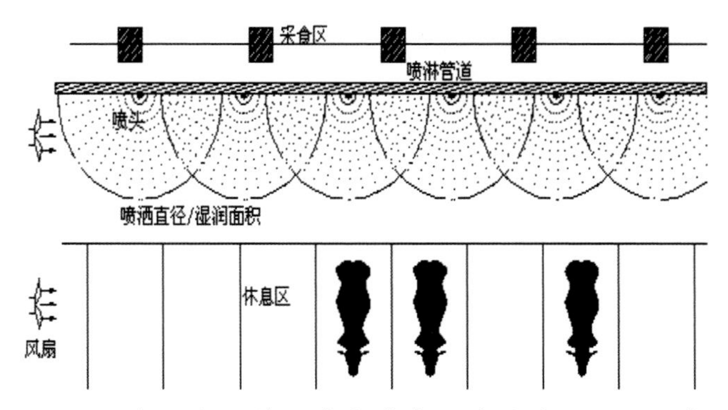

图 6-10 散栏式饲养奶牛舍采食区喷淋系统平面示意图

喷头的规格：在待挤区安装360°固定式蝶形喷头，其流量为0.7立方米/小时，安装高度3.5米，喷淋半径3.5米，即喷头喷出的细水滴要能覆盖整个待挤区，以淋湿每头牛体，使其蒸发散热。

②待挤厅风机的安装：参看图6-12，A向布置吹风风机10台，B向布置排风风机6台，挤奶转台入口上方布置吹风风机2台。

A向布置的吹风风机10台在垂直方向分为两层，底下一层为偶数组风机，风机底端距地面0.3米，与水平地面平行安装，两台风机间隔3米。上一层为奇数组风机，风机底端距地面2.5米，与水平地面成10°夹角安装，两台风机间隔3米，如图6-13。

B向布置排风风机6台，风机底端距地面2.3米，与水平地面平行安装，两台风机间隔3米（图6-15）。

风机11和风机12安装在挤奶转台入口上方，风机底端距地面2.5米，安装倾角为40°，即风机的旋转轴与水平地面夹角为40°（图6-14）。

（四）新型奶牛抗热应激营养调控剂

通过调整饲料结构和饲喂技术，添加适宜的营养调控剂可以明显减缓热应激的影响。本技术在系统研究动物自身抗热应激调控机制以及相关营养素（酵母铬、酵母培养物、抗氧化剂、烟酸、维生素及微量元素等）作用效果的基础上，利用系统整体营养调控理论和技术，开发出了一种奶牛抗热应激营养调控剂。

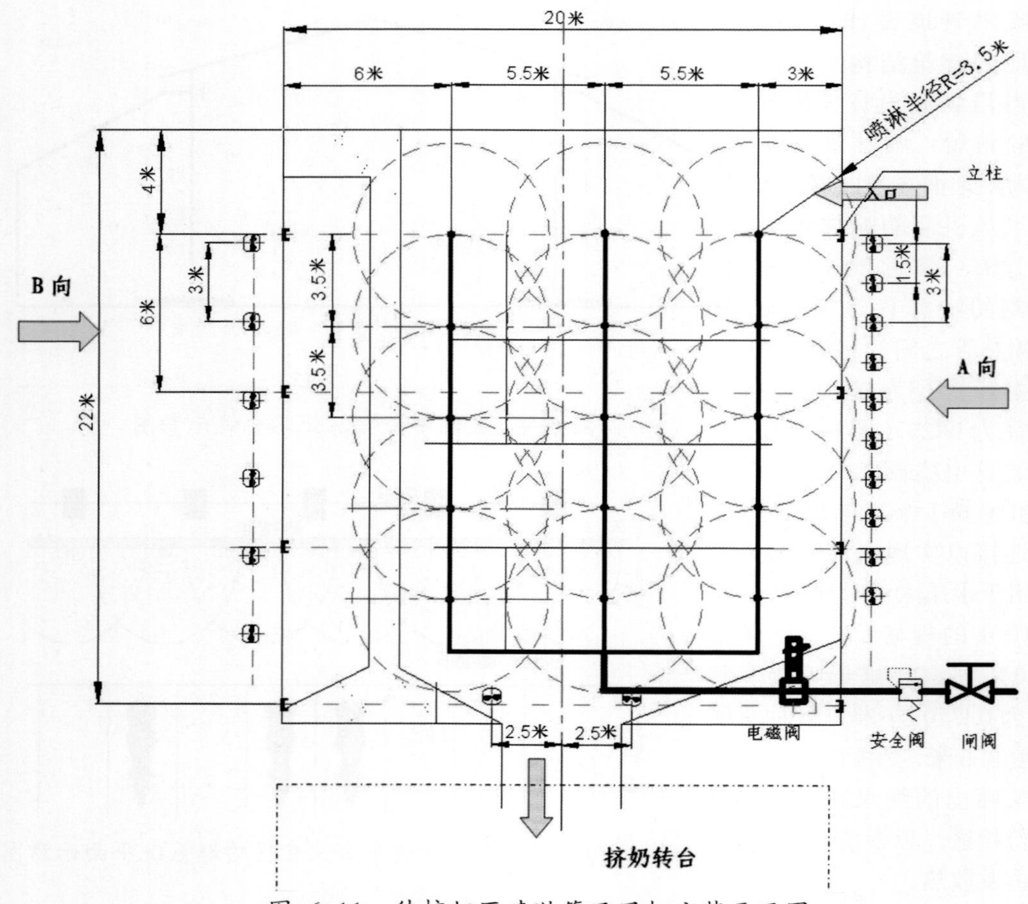

图 6-11　待挤奶区喷淋管及风机安装平面图

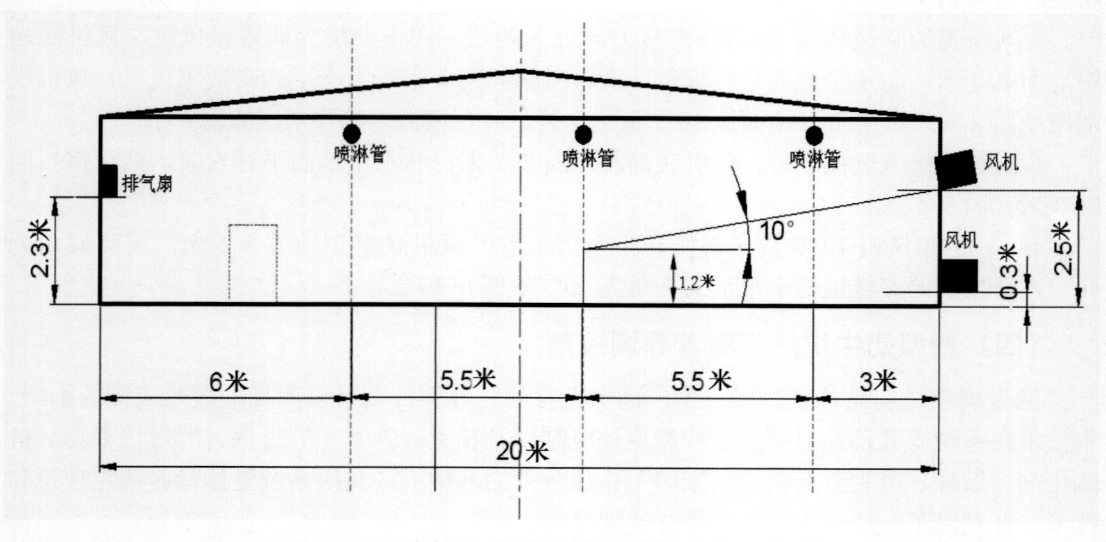

图 6-12　待挤奶厅喷淋管及风机安装示意图

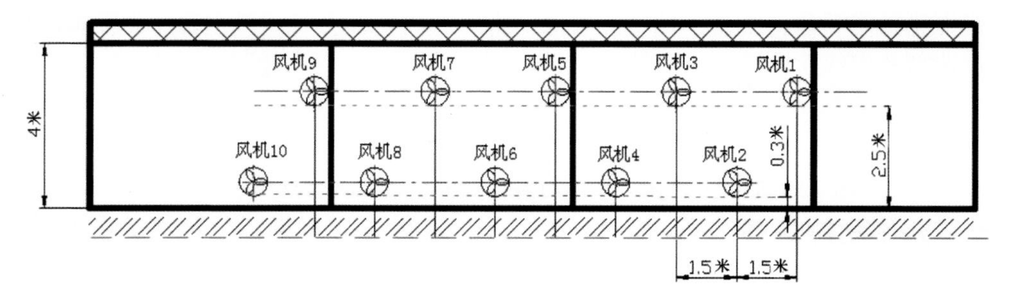

图 6-13 待挤奶厅风机平面布置图 A 向

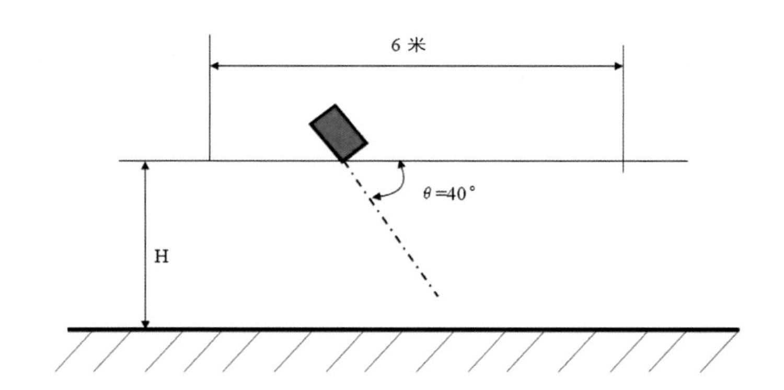

图 6-14 待挤奶厅风机 11 和风机 12 安装角度示意图

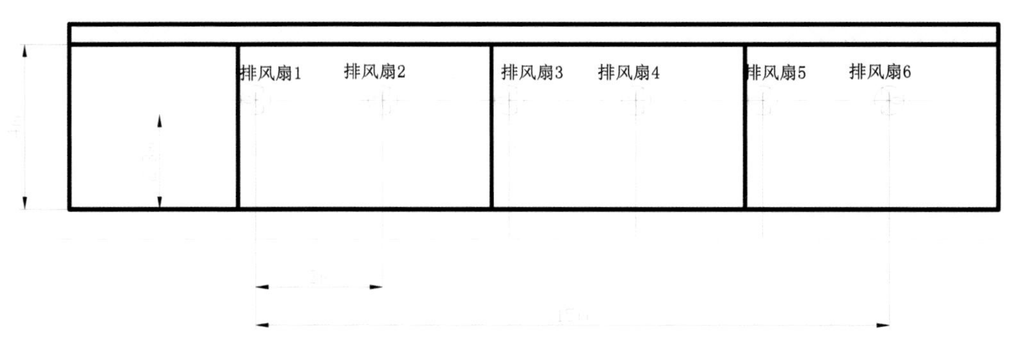

图 6-15 待挤奶厅风机管路平面布置图 B 向

二、技术特点

夏季炎热，温度湿度较高，由于奶牛的排汗速度慢，造成牛体温升高、呼吸加快，食欲下降、代谢功能紊乱，进而造成奶牛产奶性能的下降和繁殖能力的减低，往往给牛场的管理和经济效益带来重大影响。该技术从良种繁育、改善奶牛福利和调整营养结构入手，建立了包括奶牛耐热新品系培育、新型实用防暑降温散栏式奶牛舍建筑设计、散栏式奶牛场环境小气候智能化控制系统装置及新型奶牛抗热应激营养调控剂等为核心内容的高温高湿地区奶牛热应激综合控制技术体系。各地在推广应用该技术时，可根据当地的实际情况选用综合控制技术或其中某一单项技术。

三、效益分析

（一）奶牛耐热品系

25% ～ 75% 荷－娟耐热新品系，与中国荷斯坦牛相比，夏季荷－娟犊牛、育成牛、成乳牛的发病率分别降低 33.3%、37.5%、53.8%，产奶量受热应激影响的下降幅度减少 21.0%，平均受胎率提高 27.0%（表 6-4）。

表 6-4　夏季荷—娟牛与荷斯坦牛健康及生产性能情况比较表

牛种	头数	发病率（%）			犊牛死亡率（%）	奶量下降幅度（%）	平均受胎率（%）
		犊牛	育成牛	成乳牛			
荷－娟牛	207	10	5	8.5	0	6.4	52.7
荷斯坦牛	1586	15	8	18.4	3	8.1	41.5
相对提高或减少（%）		-33.3	-37.5	-53.8	-	-21	27

（二）新型实用防暑降温散栏式奶牛舍

新型实用防暑降温散栏式奶牛舍夏季通风凉爽，牛只舒适，与传统牛舍相比，夏季奶牛产奶量受热应激影响的下降幅度减少 72.8%，发病率减少 44.8%，死亡率降低 18.8%，平均受胎率提高 42.1%。

（三）散栏式奶牛场环境小气候智能化控制系统

在热应激期采用该系统，试验组奶牛体温较采用常规降温对照组降低 0.63℃；试验组奶牛每天平均采食时间较对照组增加 41.7 分钟，躺卧时间较对照组延长 39.5 分钟，站立时间较对照组减少 81.2 分钟；试验组在试验期产奶量较试验前提高 7.54%，而对照组降低 5.11%；试验组隐性乳腺炎中阳性检出数较对照组降低 42.9%，强阳性未检出；试验组在待挤区体温较牛舍降低 0.69℃。

（四）新型奶牛抗热应激营养调控剂

夏季应用奶牛抗热应激营养调控剂体温可降低 0.23℃，干物质采食量提高 6.4%，产奶量提高 9.2% ～ 13.8%，乳腺炎发病率降低 11% ～ 15%。

四、案例

福建省南平市禾原牧业有限公司在待挤区和采食区安装的散栏式奶牛场环境小气候智能化控制系统如图 6-16 所示。夏季奶牛在待挤区体温较牛舍降低 0.69℃，奶牛体温较采用常规降温措施降低0.63℃，每天平均采食时间增加41.7分钟，躺卧时间延长39.5分钟，站立时间减少81.2分钟，产奶量提高12.65%，隐性乳腺炎中阳性检出数降低42.9%。

图6-16 福建南平禾原牧业有限公司在采食区和待挤区安装的散栏式奶牛场环境小气候智能化控制系统

第四节 奶牛精细化养殖技术

一、主要技术内容

（一）奶牛的饲料营养量化管理

我国奶牛饲养管理粗放造成的损失巨大，全国年生乳损失估计可达1000万吨，提升奶牛养殖场区测料配方能力是解决这一问题的关键之一。该项技术方案针对不同的养殖群体，重点推广使用奶牛日粮配方软件，为测料配方提供应用技术。

在设计日粮配方时，规模化养殖场区应综合考虑不同泌乳阶段奶牛的能量及蛋白平衡、矿物质和维生素需要量；根据饲料中性洗涤纤维（NDF）、酸性洗涤纤维（ADF）估算公式及饲料消化能估算公式，以及奶牛泌乳净能、小肠可消化蛋白估算方法，利用奶牛日粮配方软件，在精确测定原料成分的基础上，科学制定奶牛的营养配比。

（二）奶牛场的数字化管理

泌乳牛群个体间营养需要和健康情况等存在差异，个体精细饲养和育种工作都需要通过采集牛只信息并进行适时分析实现，在这项技术中，数字化养殖系统起到了关键作用。其主要原理是：在泌乳牛足部绑定计步器，在挤奶位处安装用于自动接受牛只信息的接收器，当牛只进行挤奶时，接收器通过辨别牛号可以自动采集泌乳牛的运动量、体重、产奶量、乳汁电导率等信息，这些信息经过系统软件的在线分析，及时给出各项乳成分指标和体细胞数等数据，通过对数据和曲线进行分析，给牛场管理者提供乳品质量、牛只健康指数、乳房炎辅助诊断、发情诊断和自动补料等判断依据。

牛奶计量器：它能准确地测量出每头牛的产奶量和电导率，并把数据自动传送到系统管理软件的数据库。身份识别计步器和感应器：计步器很小，但是这种耐用的装置同时具备两种功能，即身份识别和奶牛活动量记录。研究表明奶牛的正常发情直接表现为活动量的增加。计步器记录奶牛在每个班次所走的步数，从而得出一个正常情况下活动量的平均值。如果在某个班次，牛的活动量比平均值高很多，说明奶牛可能发情。同时，如果活动量下降，则说明这头牛可能出现健康问题，如肢蹄病等。计量器控制面板：控制面板可以显示当前挤奶数据，如产奶量、当前流速、电导率、以及这头牛的历史数据，如平均产奶量、平均流速、平均电导率、泌乳天数、怀孕天数等。另外还可以显示计算机传过来的信息，如产量下降警告，电导率上升警告，抗生素奶，初乳等，挤奶工可以根据这些信息对奶牛进行必要的处理或治疗。以下分别介绍两套国内常用的数字化管理系统。

1. 阿菲金智能牧场管理系统

该系统由计步器、牛奶计量器、称重系统、分群系统、牛奶成分在线分析仪 AfiLab、阿菲金牧场管理软件等。各个系统可以单独运行，又可以协同工作（图 6-17）。

图 6-17　安装魔盒的挤奶台和魔盒与电子计量器

2. 奶牛数字化养殖系统

该项技术集成研究开发了系统控制软件、系统耦合技术、自动补料设备和发情、乳房炎诊断参数，将奶牛自动识别、产奶量自动记录、运动量自动记录、乳汁电导率自动记录、自动补料、自动分群技术及设备等通过控制软件进行管理。系统运行原理：在泌乳牛足部绑定计步器，在挤奶位处安装用于自动接受牛只信息的接收器。系统采用牛奶计量器准确测量每头牛的产奶量和电导率，并把数据自动传送到系统管理软件的数据库。计量器控制面板具有手动输入牛号的功能，另外还可以显示计算机传过来的信息，同时，在挤奶过程中，实现了高产奶牛的自动补料（如图 6-18）。

图 6-18　挤奶台与自动补料装置和计量器控制面板与电导仪

（三）营养素过瘤胃包被新材料

由于能被瘤胃微生物代谢，奶牛饲料中部分水溶性维生素、氨基酸等添加物需要进行包被处理，但包被产品在具有良好过瘤胃保护效果的同时，在小肠中又需要很容易地被释放出来，所以包被物的选择非常重要。该技术充分考虑了瘤胃液酸度较低而真胃液酸度高的生理环境，对多种单一和复合包被材料进行了筛选处理，确定丙烯酸树脂Ⅵ号与乙基纤维素按照 1:2 比例混合为最优组合，包被蛋氨酸的瘤胃保护率为 73.30% ～ 76.69%，过瘤胃包被蛋氨酸的瘤胃后释放率为 93.33% ～ 95.00%。目前，营养素包被技术工艺成熟，利用芯材制粒技术生产的氨基酸、烟酸、生物素、胆碱等已进入工厂化批量生产。

（四）牛群的饲养管理效果评价

奶牛的饲养管理技术主要是针对个体而不是群体，当前奶牛养殖场区技术管理人员主要依靠经验而不是量化指标进行牛群的技术管理，因此建立牛群饲养管理效果评价技术指标体系是生产的迫切需求。该项技术提出了泌乳牛群饲养管理效果评价关键点和评价方法，为技术管理人员提供了全面、系统的评价手段。

1. 日粮营养水平评价

日粮营养水平应当能够满足奶牛的营养需要（参照 NRC、中国奶牛饲养标准等），并且不至于饲养过丰，导致奶牛肥胖；选用的饲料原料适合各阶段奶牛的消化生理特点。除注意日粮的营养水平外，还应注意日粮的能蛋比和蛋白质的构成（见表 6-5）。

表 6-5　泌乳期奶牛各类蛋白的适宜含量

项目	泌乳初期	泌乳中期	泌乳后期
日粮粗蛋白（%，以干物质计）	17 ～ 18	16 ～ 17	15 ～ 16
可溶性蛋白占粗蛋白（%）	30 ～ 34	32 ～ 36	32 ～ 38
降解蛋白占粗蛋白（%）	62 ～ 66	62 ～ 66	62 ～ 66
非降解蛋白占粗蛋白（%）	34 ～ 38	34 ～ 38	34 ～ 38

2. 采食量评价

配制合理的日粮能够刺激奶牛的食欲，从而保证其每天的干物质进食量。一般，成年奶牛干物质的采食量约占体重的 3% ～ 3.5%，干奶牛为 2%，高产奶牛的干物质采食量要比中、低产多 40%。通过采食量调整日粮配合的具体作法是：用一些估测奶牛的干物质采食量的公式，如我国奶牛饲养标准（2000），对奶牛的干物质采食量进行估算，如果实际值远低于估测值则说明日粮的适口性偏低或营养浓度过高；如果实际值远高于估测值，则表明日粮的营养浓度偏低或饲料利用率偏低，可通过调整精料配方或粗料质量或精粗比来加以改进。

对于泌乳牛，产后 7 ～ 10 天，干物质采食量下降幅度在 30% 以内；产后干物质采食量增加的速度为初产牛每周 1.4 ～ 1.8 千克，经产牛 2.3 ～ 2.8 千克，产后 8 ～ 10 周达到最大干物质采食量。最大干物质采食量约为体重的 4%；剩余的饲料量不超过总量的 5% ～ 10%。

3. 生长状况评价

对于生长牛，应能适时达到目标体重，且体况在理想的范围内（体况评分 3.0 ～ 3.5）。荷斯坦牛各生长阶段的目标体重如下表 6-6。

表 6-6　荷斯坦生长牛适宜体重目标

月龄	初生	1	2	4	6	8	10
胸围（厘米）	74	81	91	112	122	140	150
体重（千克）	42	52	73	123	177	232	277
体高（厘米）	74	79	86	99	107	112	117
月龄	12	14	16	18	20	22	24
胸围（厘米）	157	163	168	173	178	180	185
体重（千克）	318	354	386	413	445	477	513
体高（厘米）	122	124	127	130	132	135	137

4. 反刍情况

运动场上不采食的牛约有 50% 正在反刍；每天可以采食饲草、饲料的时间不少于 20 小时；饲喂设施充足，饮水充足。

5. 生理指标

牛奶尿素氮含量在 14 ～ 18 毫克 / 分升之间（每月检查 1 次）；临产前尿液 pH 值在 5.5 ～ 6.5 之间；临产前血液游离脂肪酸（NEFA）小于 0.40 毫摩尔 / 升。

6. 生产性能

用配合合理的日粮饲喂，泌乳奶牛的泌乳曲线正常、乳成分正常，乳蛋白率与乳脂率之比在 0.8 ～ 1.0 的范围内。如果乳脂率偏低可能是日粮组成不合理或粗饲粉碎太细等。如果产犊后 100 天内乳蛋白率太低，可能意味着日粮中可发酵碳水化合物（NSC ＜ 35%）不足；日粮蛋白质缺乏或氨基酸不平衡；油脂类作为能量来源；热应激、牛舍通风换气不畅和干物质采食量较低等。

7. 粪便情况

成年奶牛一天排粪 12 ～ 18 次，排粪量为 20 ～ 35 千克 / 天，通过对牛粪形态特征变化的评定可以发现奶牛日粮消化率及瘤胃发酵的改变；通过粪便硬度、气味和颜色来判定肠道内变化情况，从而评定日粮的合理性。

（1）牛粪硬度评定

正常牛粪呈叠饼状，青草地放牧时呈稠粥状，饲喂过多的多汁饲料呈流体状（表 6-7）。从牛粪硬度的改变可以评价日粮配合的合理与否。

表 6-7 粪便五级评分法

级别	形态描述	原因	实例
1	很稀，像豌豆汤，呈弧形下落	食入过多蛋白、青贮、淀粉、矿物质或缺乏有效中性洗涤纤维	腹泻
2	能流动，没有固定形状，厚度小于 2.5 厘米	缺乏有效中性洗涤纤维	牛在茂盛的草场上放牧时的粪便
3	呈粥状，厚度在 3.7 ～ 5.0 厘米，中间有较小的凹陷处，落地时有“扑通”声	日粮比例合适，质量合格	舍饲牛，精粗饲料搭配合理
4	厚度大于 5 厘米	食入质量低的饲料或蛋白质缺乏	干奶牛或大龄牛粪便
5	呈坚硬的粪球状	干草饲喂过多或氧化严重	消化道阻塞牛的粪便

（2）牛粪气味评定

饲料在消化过程中，因微生物分解而产生臭气，同时未被消化的养分排出体外后又被微生物分解产生更多的臭气，因此配合合理的日粮应该有较高的消化率，特别是较高的蛋白质消化率，从而减少粪便的臭味。我国以恶臭强度来表明臭味对人体的刺激程度（表 6-8）。一般奶牛场粪便恶臭强度为 3 级，2 级以上为努力的目标。

表 6-8 粪便的恶臭强度等级标准

级别	强度	说明
0	无	无任何臭味
1	微弱	一般人难以察觉，但嗅觉灵敏的人可以觉察到
2	弱	一般人很难察觉
3	明显	能明显察觉到
4	强	有很显著的臭味
5	很强	有强烈的臭味

其他评定：粪便中有无未消化的完整饲料颗粒、带血或可看到脱落的肠黏膜等

8. 奶牛的体况评分

体况评分即评定母牛的膘情。奶牛体况评分的主要依据是臀部和尾根脂肪的多少，除了对这两个部位重点观察外，还应从侧面观察背腰的皮下脂肪情况。评定时让牛只自然站立，观察并触摸尾根、臀部、背腰等部位，判定皮下脂肪的多寡，进行评分。奶牛的体况评分一般为 5 分制，牛的肥度随分数升高而升高。

经常评定母牛的体况对于及时发现牛群可能出现的健康问题很重要，尤其是高产牛群，更应定期进行体况评分。体况良好的牛不仅产奶量高，而且不容易患代谢病、乳房炎和其他疾病。体况较瘦的牛抗病力较差，过肥的牛容易发生难产、脂肪肝综合征甚至死亡。

体况较肥的育成牛受胎率低，乳房发育迟缓，影响终生产奶量。

育成牛应至少在 6 月龄、配种前和产犊前两个月各评定一次。6 月龄体况评定的目的是避免牛只生长过快或过慢，两种情况均影响乳腺的发育；配种前体况评定是为了使育成牛在配种时处于良好的体况，以提高初配的受胎率；产前两个月的评定是为了减少难产和产后代谢病的发生。泌乳牛可在产犊后一个月内、泌乳中期和泌乳末期各评定一次。如要检验干奶期饲养管理的效果，还应在产犊时进行体况评定。

合理的日粮应该保证奶牛在各个时期都能达到相应的体况评分值。参照国外的 5 分制评分标准体系，奶牛各时期适宜的体况评分如下表 6-9。

表 6-9　奶牛各时期适宜的体况评分

牛别	评定时间	体况评分
成乳牛	产犊	3.0 ～ 3.75
	泌乳高峰（产后 21 ～ 40 天）	2.5 ～ 3.0
	泌乳中期（90 ～ 120 天）	2.5 ～ 3.0
	泌乳后期（干奶前 60 ～ 100 天）	3.0 ～ 3.75
	干奶时	3.5 ～ 3.75
后备牛	6 月龄	2.0 ～ 3.0
	第一次配种	2.0 ～ 3.0
	产犊	3.0 ～ 4.0

注：各关键时期体况评分过高或过低，都会严重的影响奶牛的泌乳或繁殖性能，从而影响经济效益

二、技术特点

针对大部分奶牛场设施落后、管理粗放等特点，本技术从提升传统养殖理念入手，围绕奶牛场的提质增效、科技应用，突出了以机械化促规模化、以精细化促现代化的全新发展理念，是对传统养殖模式的一次彻底革命。它融合了测料配方、数字管理和包被新材料等科技含量非常高的先进技术，既有国外先进设施设备的引进应用，又包含国内自主研发、反复实践的实用技术，其中饲料营养量化管理和过瘤胃包被材料，着眼于奶牛场的营养和饲养管理，针对不同规模的养殖模式提供了具体的选择方案；数字化管理更侧重于先进技术的推广应用，是传统养殖向现代奶业发展的必然选择；牛群饲养效果评价则是要求管理从细微处入手，以指标评价促进效果评价，进而不断提升养殖者的科学管理水平。随着标准化示范创建工作的纵深发展，养殖设施化、管理精细化的现代养殖管理理念必将更加深入人心，是促进我国现代奶业健康发展的必然选择，具有很强的先进性和实用性。

三、效益分析

（一）经济效益分析

精细化养殖技术实施后，示范奶牛养殖场区成年母牛平均单产由 6000 千克提高到 7000 千克，乳脂率由 3.3% 提高到 3.6%，乳蛋白率由 2.9% 提高到 3.1%，平均体细胞数≤ 50 万个 / 毫升，原料乳细菌总数≤ 40 万个 / 毫升，代谢病发病率≤ 6%。平均每头